BUONO, PULITO E GIUSTO

慢食，慢生活

[意]卡洛·佩特里尼_著 林欣怡 陈玉凤 袁媛_译

中信出版集团·北京

推荐语

乔凌　大中华区慢食协会主席

食品安全、气候环境、供需平衡等问题都是中国老百姓非常关心的。引入慢食运动创始人卡洛·佩特里尼提出的“优质、洁净、公平”的慢食文化，可以让我们了解国际上最具革命性的美食理念，同时也对生态饮食有更深刻的思考。

温铁军　著名“三农”问题专家

慢食运动创始人卡洛·佩特里尼在书中所讲的“食”的故事，相对于全球危机而言很有现实意义。多彩的人生经历，成为他推动慢食运动的思想源泉和力量来源！他颠覆了我们传统上对美食家的定义，让世界饮食文化多元共生又可持续。他构建了跨城乡和跨学科的新美食学，让生物多样性成为人们的世界观！

张兰英　梁漱溟乡村建设中心主任，
西南大学中国乡村建设学院执行副院长

卡洛·佩特里尼先生这本书让我们认识食物所承载的无穷知识和所连接的复杂系统。人们在享受美食的同时，还能孜孜不倦探寻美食带给我们的知识乐趣和生存理性！食物真不愧为帮助我们认知生命和世界的最理想的教育工具！

陈安华　北京慢食文化传播有限公司董事、规划总监，
住建部特色小镇及村镇规划评审专家组专家

作为知名的美食国度，中国和意大利的饮食文化灿若星河。由意大利著名美食活动家卡洛·佩特里尼先生发起成立的国际慢食协会，从引领消费者改变饮食习惯开始，进而改变“从田间到餐桌”的生产和生活方式，这是现代农业生产和城市生活方式的一种变革、引领和回归。对当下的中国来说，从供给侧结构性改革的角度对“三农问题”的解决，促进“健康中国”的实施，促进农村地区环境、生物及文化多样性的保护和可持续发展，都会产生积极而深远的影响。

王昱东　北京国际设计周组委会常务副主任

自人类纪元以来，城乡从来都不是二元对立而是相互依存的，只是日复一日忙碌的城市生活让我们误以为超市就是食物的源头，而难得将目光投向万物生长靠太阳的广袤乡村。国际慢食协会在中国推动“慢村共建”的意义远远超出精准扶贫，将是基本常识的回归和城乡命运共同体复建的过程。北京国际设计周组委会作为国际慢食协会在中国最早的合作伙伴，将积极投身其中，践行“设计为人民”之宗旨。

陈冬亮　北京市工业设计促进中心主任

今天的乡村建设关乎的不仅仅是农村、农业的可持续发展，也同样关乎城市、产业的可持续发展。慢食文化与可持续发展有着高度的理念共识，我们都认同要通过保护、发展食材，来保护生物多样性以及积极地应对气候变化。让我们通过慢食运动，鼓励城市中的年轻人更多地关注农业、农村，给农业与农村创造新的价值、带来新的乐趣吧！

汪林朋　北京居然之家投资控股集团有限公司总裁

乡村是每一个中国人内心的故乡，我高度认同国际慢食协会创始人卡洛·佩特里尼的看法，乡村重建关乎食材的保护、文化的传承、生态的平衡和社会的公平。居然之家以及我本人将积极投身于“慢村共建”的项目中，让更多的乡村做到“产品有市场、生活有乐趣、精神有追求”。

张永和　国际著名建筑师

快=效率，慢=质量，不反对效率，但质量更重要，拥护慢食！

林依轮　著名歌手、演员、主持人，
大中华区慢食协会文化传播大使

优质、洁净、公平。欢迎更多的人加入慢食运动的大家庭，为慢食村落共建计划添砖加瓦！

推荐序

期待，“新美食家”

叶怡兰

一直以来，我总是十分畏惧一个经常加诸我身上的称谓——美食家。

“可以的话，请称我为‘饮食作家’或‘饮食文化工作者’好吗？”如果能有机会开口，我总会微笑如是礼貌更正。

这是因为，“美食家”的真实面目与意义究竟为何，对我而言，含糊不清；而且，我也从不认为自己真的遍尝天下珍馐，够资格成“家”；甚至觉得这个名称背后隐隐然流露的精英气味，和我于饮食领域中的真实关注与喜好确实颇有一段距离。

遂而，相比之下，我更愿意人们称我为“饮食作家”或“饮食文化工作者”，至少与我此刻的工作内容与志向更吻合。

直到，我读了卡洛·佩特里尼所著的这本《慢食，慢生活》。

书中提出了一个崭新的身份：新美食家。

卡洛心目中的“新美食家”，有着全然不同的定义！

新美食家绝对不是只耽溺于眼前美味的老饕，而必须知道食物的历史、来源、知识。

最重要的是，新美食家同时也应该是“餐桌前的农夫”，是食物的“共同制造者”，要具备农业、环境知识和生态意识，懂得维护且能保留本地物种的多样性及本来滋味的耕作方式。

卡洛铿锵有力地说，新美食家的使命在于“选择”。对食物的选择权利，在这个利润至上的世界，是新美食家强有力的沟通工具。

“优质”“洁净”与“公平”，是作者所提出的选择食物的三个必备要件。同时，还应鼓励邻近、本地，或是来自远方但符合以上可持续性条件的食物。

“每当我们购买不尊重不同生产阶段环境的产品时，我们便牵连其中了。”

他进一步提出了“美食学”这个学说。强调美食学是一种研究食物、饮食文化的科学，是一个人吃东西时所有合乎逻辑的知识；涉及植物学、物理学、化学、农业、畜牧业及农艺学、生态学、人类学、社会学、地缘政治学、政治经济学、贸易、科技、烹饪、生理学、医学、哲学……

他对人类历史上长期将“食物”与“美食”区隔开来的做法，十分不以为然。积极倡导，必须将人之于环境的义务与食物上的享乐紧密联系。

“味觉是一种需要被训练、教育的能力。”

“一开始没有这些享乐及美味的火花，也许什么事都不会发生。”

“追求快乐是每个人的权利，因此也必须要尽可能地负起应尽的义务。”

“耕种的人绝对不能忘记去尝味道……如果一个产品不好，即使是有机的，也没有任何意义。”

卡洛认为，在过去，从耕作、加工到消费，以至欢喜享用，“有一条像是脐带的东西联结着，而今，这条脐带已被切断”。而能够将这无奈的断裂重新缝合起来并发挥影响力的人，就是新美食家。

这令我不禁肃然起敬。同时不断自问，是否能当此之名。

事实上，展读此书的过程中让我惊异的是，书中篇章所谈，与我近几年来于饮食之路上的思考与觉醒历程，竟是如此吻合。

一如卡洛在书中所谈，他虽没受过正式的美食教育，却从自学到自修，从酒的品尝与味觉分析中触发了对食物的知觉感官的苏醒，之后，一步步迈向对农业、社会、人类、生态环境的全方位关怀。

而我自己，也是从食里、茶里、酒里的纯粹愉悦为起始，继而开始好奇追索这嗅觉、味觉、触觉上每一微妙差异所由何来，遂层层抽丝剥茧，一路往上溯源，直至食物的源头：食材产地的风土、历史、种植与制作工法，以及和当地饮食面貌的关系。

还在这里头一点一点找着了我与我所生所长之地的联结与牵

系，同时萌生对这片土地，以至对世界、对环境的深切情感和使命，因之逐步扭转了我的饮食写作与工作方向。

让我尤其深深尊敬感佩的是，卡洛·佩特里尼在饮食上的自觉之途，竟走得如此波澜壮阔。

慢食（Slow Food），这个席卷全球，已成今日人们探讨食物、面对食物之际无法忽略的重要思潮，正是在卡洛·佩特里尼的手中发起、建构、发展、传播、发酵，影响无穷广大深远。

卡洛·佩特里尼的成就绝不只是宣言与学说的揭橥，他还积极起而行，借由诸如国际慢食协会、美食科技大学、“大地母亲”项目、“品味沙龙”、“美味方舟”等各种组织与活动的成立和举办，以及与各地农业社群的横向串连，向他多年来深恶痛绝的，人类在现代化、量化过程中所启动，因之也带来巨大痛苦和失落的“科学、技术、工业、资本主义经济四具引擎”，以及“事事讲求速度的意识形态”全面宣战。

期望借由人类对食物的反思、觉醒和回溯，解放自己，不再受制于速度与量的迷思，重新“缓慢生活”，甚至从头建立自然与人和谐共生共容的美好新世界。

“新乡村”，他在《慢食，慢生活》里，满怀梦想地勾勒着：那是“小规模生产、自给自足、作物多样化、使用传统方式、完全尊重当地生物多样性以及农业和生态之间有利互动”的乐土。

“缓慢生活，是让我们重新开始的关键。慢慢地建设合乎我们真正需求的农业世界。”

是的，卡洛·佩特里尼绝对是他书中所高举的“新美食家”的完美实践者与领导者！在这因前进脚步太快而混乱迷失的年代，领着我们，从被动接受的一方，转而知晓、认清、掌握属于你我的“选择的权利”，进而推动改变。

“如果美食家能渴求改变的话，即使是现在，我们也能看得到未来！”卡洛·佩特里尼如是说。

而我在此，深深期待着；同时，发愿努力跟随。

目　录

本书致力于传播新的想法，增进新的认知和激发新的热情。如果上述想法能够如愿以偿，那么大部分都得益于卡洛·博利奥缇多年来与我分享他的思索，他为本书的撰写做出了重要的贡献。在此，我由衷地感谢他的慷慨付出。

另外，特别感谢钦齐亚·斯卡菲迪和罗伯塔·马赞蒂的用心编辑。

前　言

现今仍有许多人和我一样，认为所谓的美食家只是一群毫不在乎周遭世界的自私老饕搞出来的。但其实他们误解了，正是所谓的美食技巧，才能使他们关心周遭的世界，从精准地品尝味道（这种技巧对我们这个口味贫乏的世界具有很深的含义）到掌握食物生产过程的知识，让他们觉得自己在某种程度上是食物的“共同制造者”，是生命共同体的一员。

如果我们能够时时记住，所有人都居住在同一个地球上，并从中获取滋养，那我们将能更清楚地了解生命共同体的概念。所以本书将以这个世界目前最危急的健康状况调查为切入点，而引起这种危急状况的主要原因便是食物的制造及消耗系统。

因此，新美食家必须确认其有足够的优势解析这套系统。借由自己长期以来追寻良善、追寻烹饪的乐趣，他会发现在食物的生产及消耗上有另一个完全不同的世界，和目前主导的世界平行，又囊括了孕育出更好的全球系统的种子。

然而，美食学及其衍生的技巧常常因为各种理由被误解、诋毁，甚至边缘化——当然这其中有一部分是美食家自己的错。所以只是单纯地坚持理念是不够的，我们必须重新定义美食学，给它应得的尊敬和新的位置。我们必须先从历史的角度开始分析，最后再赋予美食学一个崭新的定义，这个定义将会涵盖所有与新美食学相关的学科。

现在，在我们继续讨论吃东西的日常行为之前，必须先建立一个框架，从中找出常见的因素，建构美食学的多样性（生物学、文化、地理、宗教以及生产层面），尤其是对食物品质有一个全新、正确的定义——必须是优质、洁净且公平的。这是我们为食物品质这一复杂的概念所做的简单定义。这三个互相依赖且必需的基本条件，是我们用来判断可否接受某种特定食物的标准。

一旦成功地赋予美食学全新的定义，新美食家就能宣布他所奉行的信条：持续不断地学习，尊重传统知识及教诲，感受全新的自我。也可称他们为食物的“共同制造者”。他们分享彼此的理念及知识，追寻品质及快乐，也带给乡村及食物生产者新的尊严。美食家以新定义的美食家身份共享这一理念的精髓，也和其他共同制造者、制造者、主厨以及用任何方式参与新美食学定义的人一起分享。他们一起分享可以总结为“两个陈述”的双重原则（稍后我会加以解释）：一是“吃东西是一种农业行为”，二是“食物生产必须是一种符合新美食学的行为”。

这种共享将打开人们的视野，让大家看到社会上还有这么重要的一环，一个由真正的新美食家所组成的社会环节，期待尽力改变现状。而这一环节长久以来被低估和忽略了，只因为它跟现行的主要观念不同。那么，既然这是许多人所希望的，为何不做个计划来推广它呢？为何不集合众人的力量呢？

所以，最后我将讨论拥有相同价值观与信念的人组成的新美食家网络，也会加入完全不同的美食经验范畴一起讨论。这个网络正是从它本身的多样化来汲取力量，而且很有可能改善我们的社会，让地球变成一个更美好的地方，至少可以改善我们的食物和生活品质。我们会坚持原则完成任务，不单单是展现美意，而是真正贡献心力。这样的善念也可以让我们在这个看起来似乎正毫无目标漂流的世界，为自己及子孙迎接繁荣的未来。

如果我们再把这个行动计划归纳成几个重点，那么这本书看起来就不会这么“乌托邦”了：

- 新美食家检视目前困扰着这个世界的问题，并且从现有的食物系统上追根溯源。
- 新美食家相信自己有能力借由这门复杂的科学向大家解释，让大家了解这套他所渴求并希望大家尽其所能一起加入共享的系统，因为他知道自己不是全能的天神，更不可能独自操作这套复杂的系统。
- 新美食家要求的品质是大家都能认可的品质，这样的品质同时也能改善全人类的生活，因为人是不可能孤立存在于这个世界的。他借由旁人的知识教育自己，并从他人身上学习、获取知识，与别人交换并共享知识，感受到大家是团结在一起的。

• 新美食家将会发现，其实世界上有许多人都和他有同样的想法，而且大家会为了这共同的希望和想法团结起来。为了确保自己和其他有相同想法的人感到快乐，整合这股力量并让所有人都可以借助这股力量是最自然不过的事，因为他不是唯一想要“一点一点地改变这个世界”的人。

最后，我要提出我的一个想法。上天慷慨地赐予我们地球上丰富多彩的日子，我们又岂能不对他人慷慨？借着诚实愉快地过生活，我们对自己慷慨，也对世界上其他想要做些好事的人们慷慨，对其他一起共享命运的人慷慨。

没有远见的人不会对未来有太多的想法，不会在乎他们的人生结束后还会发生什么事。他们只是吃东西、消化、燃烧、毁灭，尽可能地享受，完全不会去思考。

而我却深信，上天赐予我们在这世界上生活的日子，只是人类历史的一瞬。我们应该尽可能快乐而谦卑地活着，并且努力工作，深信在这些日子里我们都会有机会，即便以微不足道的方式，贡献并创造更快乐的未来。

第1章

令人担忧的景象

每一章我都会穿插一些段落，以第一人称叙述我的个人经验，为求方便，姑且称这些段落为“日记”。我归纳这些经验，旨在为本书中的各种理论提供实际的案例。另外我也发现，像美食学（gastronomy）这么复杂的主题，必须使用第一手资料，必须通过旅行直接接触异文化，或是追本溯源深入了解，单靠阅读是无法成为一名美食家的。你必须将理论付诸实践、充满好奇心、试着感受世界、尽可能多地接触不同的环境、乐于与人交谈，并喜爱品尝。光是坐在餐厅里吃饭也无法成为一名美食家。你最好认识农夫，认识生产与制造食物的人，认识努力让产销系统更为公平的人，是他们使得这个系统能够持续运转，使大家皆能享受。

感谢这份工作让我拥有如此丰富的经验。这些经验对我产生了很深的影响，诚如你们于书中所见的许多想法及演化。我很喜欢讲故事，我发现这些故事对于呈现本书的主旨很有帮助，也相信读者会了解故事背后的理由。

事实上，这些插曲就像人生旅程或是思想旅程中的片段，我觉得这本书的内容多半受惠于这些故事，也很感激参与其中的人们。

[日记1] 甜椒和郁金香

1996年，一如往常，我恰巧沿着231号公路旅行。公路连接库尼奥（Cuneo）和阿斯蒂（Asti），且横穿布拉（Bra）。布拉是我居住的小镇，也是国际慢食运动的发源地。即使目前库尼奥和阿斯蒂之间已经开通了一条高速公路，但这条穿越皮埃蒙特（Piedmont）南部的繁忙的柏油路，其实是连接我们和意大利其他地区的唯一道路。任何到米兰或是意大利南部的人，都必须走这条路。

皮埃蒙特南部长期以来一直是农业区，历史上经历了多次饥荒和贫穷，但是这个地区最近富裕起来了，引进了许多小型工业。当地特有的传统农产品（如意大利数一数二的葡萄酒）与急速成长的国际旅游业，两者之间相得益彰，互助互利。由于当地美食产品的出产和出口急速发展，游客不仅被皮埃蒙特南部丘陵美景吸引，也对当地美食深深着迷。

向来不够格称为大道的231号公路贯穿整个地区，俨然已成为富庶之地的醒目地标，改变了我的出生地。这条快速路两旁林立着工厂、郊外购物中心，还有一些外观丑陋的大型连锁商场。我们只看得到几处残存的温室，里面仍然栽种着一些植物。如果开车路过这些脏乱地区让你感到沮丧，那么这条路漫长无尽的感觉，肯定留给你充裕的时间，沿路思考所谓的“发展”是什么和它所带来的结果。

沿着这条路走，如果稍微绕路，你就会发现这里的优质餐厅和供应当地美食的传统小酒馆，其密度要大于意大利其他地方。而我便是从这里开始研究美食的，我的美食文化涵养，应该是拜这个地区的主厨和农夫所赐。

1996年某天，我在回家途中于朋友开的餐厅稍作停留。我有好多年没见到他了，他所做的烤甜椒相当有名。这是一道很普通的意大利料理，皮埃蒙特当地的传统做法会以阿斯蒂地区所产的“方形甜椒”入菜。本想借着他的拿手菜，抚慰接近尾声的疲惫旅程，恢复活力，结果却让我失望到极点。我所尝到的烤甜椒真是难以下咽，毫无滋味可言。主厨的手艺当然无可挑剔，于是我决定问个明白，为何口味差这么多。朋友告诉我，他已经不再使用那些在我味觉和嗅觉记忆中难以忘怀的材料了。阿斯蒂地区所产的方形甜椒肉质丰厚、香味浓郁，尝起来层次丰富。不过当地几乎没有人种植了，所以他用荷兰进口的甜椒代替。进口甜椒比较便宜，它采用密集种植法，并且属于杂交品种，所以有令人惊艳不已的绚丽色彩，因此也最适合出口（朋友跟我说:“每箱正好装32个甜椒，不多也不少，而且每个都很漂亮，几乎长得一模一样”），但是这种甜椒却毫无滋味可言。

认清了美味的烤甜椒不复存在的事实，我继续开车前往布拉。路的旁边还可见到几间温室，我在阿斯蒂附近的科斯蒂廖莱把车停了下来。这里真的是曾经栽种方形阿斯蒂甜椒的地方吗？那些尼龙布下面现在都种些什么呢？我遇到了一位农夫，他很肯定地告诉我，过去这里真的是种植美味绝伦的蔬菜的大本营，不过好景不再。他说:“不值得啦！荷兰种的甜椒比较便宜，所以再也没人买我们的了；种甜椒很辛苦，而且到头来白费力气。”于是我问他:“那你现在都种些什么呢？”农夫笑着说:“郁金香球根！我们种好球根之后，出口到荷兰，然后再由他们让球根开花。”

这让我十分讶异，工业化农业（industrial farming）和全球化这类吊诡议题突然浮现在我脑海中。荷兰甜椒跨越国界，翻山越岭来到意大利，而意大利的郁金香则出口到荷兰；代表两地特色的农产品多半在它们故乡千里之外的异地栽种，完全颠覆了当地的农业传统。曾经深植于原有生态环境系统中的传统农作物——多样美味的甜椒，已经濒临绝种了，传统食谱的好味道面目全非。只有老天知道肥料和杀虫剂会产生多少污染，密集往返于欧洲各地的货车和交通工具会排放多少废气。

对于我来说，那天是我正式开始研究生态美食学的日子。即使要付出较高的成本，农产品也必须通过可持续的方式种植和生产，保有生物多样性；而当地的美食传统与生产工艺，也必须得到保护。

[日记2] 墨西哥的特瓦坎苋菜

2001年夏天，我踏上旅程前往美国旧金山，参加第一届国际慢食大会，这是我第一次到旧金山。之后我前往墨西哥，以往未曾造访过这个国家，我非常喜欢这里，也对当地文化十分着迷。我在墨西哥城待了一阵子，在那里目睹成千上万的人卖掉家乡仅有的几分地，离开了乡村，来到都市发展。无论怎么贫穷，他们都抱着一丝丝谋生的希望。这些人挤爆了首都的郊区。

过去他们赖以生存的小规模家庭式农耕已经无法满足生活所需。邻近的美国以外表诱人的农产品创造出幻象，并激发出新的需求，但也导致了农产品的工业化。工业化农业虽然降低了人力需求，但是被跨国公司的恶性循环拖下了水（种子、肥料和杀虫剂等相关产品全部商业化），同时还剥夺了具有千年历史的墨西哥传统农业文化。

印加文明造就了玉米和其他食物，而这些食物现在已成为上千万人的基本饮食，物种的多样性仍有迹可循。说到玉米，上千种的原生种变异品种已在墨西哥各种生态环境中和谐进化了一个多世纪。据我所知，近年来美国跨国企业四处搜罗新的杂交品种，大约有80%的墨西哥玉米品种早已被美国人申请了专利。

美国杂交玉米品种渐渐取代了墨西哥当地的品种。美国杂交品种不仅需要更多的水灌溉（而墨西哥的许多地方饱受水荒之苦），而且营养价值也很低，口感又差。利用在水中浸泡过一段时间的玉米所制成的墨西哥玉米饼，过去一直是手工产品，其实从某种层面来说目前仍是如此（这道很普遍的料理富含钙质，这正好解释了50年前墨西哥人的牙齿为何很少出现问题）。妇女熟练地制作它们，随着使用的玉米不同，玉米饼也会产生各式各样的风味，与千变万化的其他传统美食一样——十分仰赖当地的农产品。正是这些特色造就了墨西哥美食，使它成为世界上最复杂的美食之一。（荷西·傅安特鲁曾记录了许多国家丰富的美食文化遗产，2003年获得慢食协会颁发的捍卫生物多样性大奖。）

玉米种植的普及同时也威胁到了其他蔬菜品种，比如苋菜。除了豆子和玉米之外，这种蔬菜也是阿兹特克人（Aztec）饮食的基础。早期的殖民者觉得苋菜会让当地人联想到其宗教仪式里的献祭，因而禁止他们栽种。自此苋菜变得极为稀少，渐渐地就被当地农业遗忘了，这实在非常可惜。其实，苋菜只需要一点点水就可以生长得很好，而且它还营养丰富，足以提供给那些“饮食不均，缺乏营养”的乡村居民。

所以那年夏天，我去了墨西哥普埃布拉州的特瓦坎市。2002年慢食协会捍卫生物多样性大奖得主侯拉·卡路奇耶迪亚戈计划将苋菜引进墨西哥，并种植在最贫穷的地区，而那里沙漠正无情扩张。这个名为“Quali”的优质计划，同时搭配另一项巧妙的构想：将此地区古代居民所发明的水源供给方式，在当地重新打造。

我造访了一个小型家庭农场，亲眼看见一小块栽种苋菜的土地，也倾听了农夫对这个计划的意见。和我一同前往的，除了这项计划的总指挥及其同事，还有墨西哥知名厨师阿莉卡·德安吉莉。她同时还是墨西哥传统美食专家，厨艺精湛，常在餐厅里重现各种地道的墨西哥美食。

我们拜访的这户人家非常贫困，但是他们感到荣幸，并且说，能够发现苋菜这种既容易种植又比玉米更具价值的作物，真让人满意。他们的房子非常简朴，孩子们在小小的打谷间玩耍，地板上凌乱地堆放着废弃的农具、可口可乐的空瓶以及宾堡面包的袋子。“宾堡”是墨西哥食品行业中的知名面包品牌，它渐渐取代了原先社会低收入阶层的主食——玉米饼。但这也给墨西哥人带来了营养方面的问题，因为大麦制成的白面包向来都不是这个国家的传统饮食。

小小的苋菜田距离农舍很近，当我们参观完这些色彩缤纷的植物，从田里走回农舍时，我不小心听到德安吉莉和女主人的一段有趣的对话。这两个女人在田间小径停了下来。这条小径长满了杂草，事实上，农舍的四周可以说是杂草丛生。一株茂盛的草吸引了她们的目光（她们两位都是厨师，只不过两个人天差地别，形成了非常强烈的对比：一位是有着欧洲血统的白种人，是富有的精英分子；而另一位则是贫穷的墨西哥本地人，辛苦的劳动让她的背都驼了）。“这真是一种很棒的香草啊！我相信你一定认识，对吧？”德安吉莉问道。“我不认识啊，为什么这么问呢？”这户农家的女主人回答说。“用它来做墨西哥清肉汤最棒了，不但营养价值高，口味也很棒！这是我在研究这个地区的起源时发现的食谱，是当地人的传统美食。”那位年约40岁的农妇一脸困惑，她请教白人主厨如何使用这种植物煲汤，脸上露出羞愧的表情，德安吉莉则细心地给她讲解这道食谱。

之后我们参观了厨房。储藏室中只有少得可怜的厨房器具和食物，正说明了当地人如何日复一日辛苦地劳作，以获取足够的食物，好端上餐桌。在这间农舍的四周，杂草肆无忌惮地生长着，而这些杂草其实就是香草。当地人的祖先为了充分利用香草的营养价值和药用价值，一直在学习如何使用，而今天他们对于如何烹煮这些香草却一无所知。事实上，他们根本没察觉这些香草是可以食用的。工业化农业和现代化把砧板上的传统食材一扫而空，这个过程只需引进几种最常见且可栽种的农作物就完成了，然而这些变种最终也无法在这片日趋干旱的不毛之地茁壮成长。如此经过两代人，当地人对于传统便一无所知了，而这些传统曾经让植物可以存活在这片土地上，恣意地开花结果。一些简单的美食常识，一些古老的智慧，一道道食谱，早已从当地的文化中消失，让当地人的生活更加困苦。比起这个国家的其他地区，这里的诱惑更加强烈，贫困不断地引诱着农民卖掉土地，搬到墨西哥城，或者在附近偏远地区的工厂找一份工作，帮美国公司缝制牛仔裤。

特瓦坎市夜幕渐渐降临，当我们走进打谷间时，宾堡面包公司的配货车刚好停在街尾那块可口可乐广告牌的前方，讽刺的是，可口可乐这家美国公司拥有墨西哥最大的瓶装矿泉水水源，而矿泉水的名字正好是“特瓦坎”。今天，在墨西哥各地，“特瓦坎”

就是瓶装水的代名词；这个国家的许多地方，当人们在酒吧想点瓶矿泉水时，他们用的标准字眼就是“特瓦坎”。生产矿泉水的工厂坐落在这间农舍几千米外的地平线上，而这片土地是中美洲最干涸的地方。

[日记3] 法国中部小城拉吉约勒的奶酪

2001年春末，我出差前往法国里昂和拉吉约勒。我需要和法国慢食协会负责人在当地举行几次会议，并在欧里亚克稍作停留。欧里亚克位于中央高原的南方，邻近著名的奥弗涅地区。拉吉约勒是欧里亚克最主要的村庄，在此我拜访了青年山峰合作社（Jeune Montagne Cooperative）的总裁安德烈·瓦拉迪耶先生。这家公司生产的拉吉约勒奶酪，是法国获得AOC（原产地命名）最优等级认证的奶酪之一。我必须要说明一下，拉吉约勒不单是村庄和奶酪的代名词，这里出产的传统小刀更是家喻户晓，向来是法国美食家公认的卓越不凡的精致工艺品。

瓦拉迪耶先生颇具领袖气质，我拜访他并期待有机会邀请他们参加慢食协会在9月举办的国际奶酪大会。每隔两年，奶酪大会在意大利布拉小镇举办。

借由这次的拜访，让我有理由在法国最具魅力也最让人心旷神怡的餐馆用餐；这家餐馆位于拉吉约勒，由米其林三星主厨米歇尔·布拉经营。米歇尔·布拉和瓦拉迪耶私交甚笃，他同时也是地区美食和生物多样性的拥护者。他的食谱用到了300多种蔬菜，从最常见的到非常稀有的，从人工栽种的到只生长在美丽辽阔的欧里亚克草原或森林中的野生品种。

在下午的会议与美妙的晚餐之间，瓦拉迪耶在青年山峰合作社的办公室对我讲述拉吉约勒奶酪和这一地区的历史，从地理学的观点来看，这里与法国其他地区隔绝。

瓦拉迪耶说:“直到第二次世界大战前，我们多半只生产自用的奶酪；后来则是尽可能生产得越多越好；而到了现在，为了能有更多的产出，我们必须努力生产才行。”

在20世纪60年代，欧里亚克就像欧洲其他山区一样，面临严重的社会问题及生产危机。首先是人口外流的问题，年轻人抗拒农村严峻的工作环境，纷纷前往城市谋生，放弃了对这片草原的关爱，放弃了当地的原生奶牛品种——“欧里亚克之花”，也被称为“欧里亚克胭脂”，对制造拉吉约勒奶酪敬谢不敏。在少数留下来的人当中，瓦拉迪耶被畜牧专家说服放弃饲养当地奶牛品种，改养一种叫作荷斯坦的奶牛。其实，荷斯坦奶牛可谓赫赫有名，这种身上布满黑白斑点的动物，在20世纪70年代末进入世界奶牛市场。荷斯坦奶牛是所有奶牛中产奶量最高的；它们可以安静地待在牛棚里，吃着特殊配方的饲料，直到身上最后一滴牛奶被挤干。当它们走到所谓“职业生涯”的终点时，主人会在短时间内尽量养肥它们。举例来说，在美国，养肥它们的方法是注射激素，而在欧洲，以前使用动物骨粉（animal flours）——后来证实会引发疯牛病，养肥之后再送进屠宰场。正因为这些牛过着悲惨的生活，所以它们的肉也不太美味，大部分肉都被用来做汉堡包肉或其他加工产品。乍看之下，荷斯坦奶牛的确有其优点，它们每天的产奶量几乎是“正常”奶牛的两倍之多。

欧里亚克的农夫看到这些产奶量，几乎难以置信。短短几年之内，荷斯坦奶牛几乎完全取代了欧里亚克本地牛，这也让本地牛濒临绝种。然而，没过多久问题就浮现了：荷斯坦奶牛的生物特性决定了它并不适合在高原生活。原先在这片宽阔的草地上，除了在寒冷冬季来临时为了保护牛群而搭建的几处牛棚外，就再也找不到其他牛棚了。另外，相较于当地的奶牛品种，荷斯坦奶牛所产的牛奶虽然脂肪含量较低，但蛋白质含量也较少（同样也不太好喝），这样的牛奶对于生产拉吉约勒奶酪来说，真是一无是处。满足拉吉约勒奶酪生产要求的牛奶品质，是荷斯坦奶牛完全无法达到的，因此随着当地奶牛品种慢慢消失，当地的传统奶酪也就消失了。

但这还不是最糟的，人口外流让拉吉约勒刀具的生产技术流入梯也尔，那里有几家大公司在这个领域相当有名。

拉吉约勒镇的三个象征——牛群、奶酪、刀具，正处于存亡之秋，极有可能在20年内从历史上消失。

“所以我认为该行动起来了，”瓦拉迪耶说道，“我和一些没离开家乡的年轻人共同成立了一个合作社，我们将唯一的希望寄托在硕果仅存的‘欧里亚克之花’身上。从那时候开始，发生了许多改变。现在你可以再次看到那些眼眶有黑圈的棕红色本地牛了。它们头上那向下弯曲的长长牛角，正是制作拉吉约勒刀具手柄的材料。此刻你就坐在我面前，邀请我带着拉吉约勒奶酪到布拉参加盛会，而我们也坐在法国最好的餐厅里，刚刚你还跟我要了地址，想帮你姐姐买一套刀具。我觉得我们真的做出一些成绩了，不是吗？”

隔天，当我花费不菲买下一套刀具的时候（不过我必须承认，想到这一切的一切，这个价钱算是相当公道的），不禁思考着瓦拉迪耶所说的那些话。在回家途中经过那些美不胜收的草原时，我想起欧洲其他山区，想起那些荒芜的草原，那些没落的小镇，那些快要濒临失传且需要受到保护的奶酪，想起那些山崩，那些越来越频繁的洪涝，那些变成干枯草丛的茂密森林，想起了多产的“牛奶制造机”，以及荷斯坦奶牛。

立足当下的思考[①]

外来移民的贡献

10 年后，再次回顾这个故事时，我想，如果没有外来移民的通力合作，同样的故事绝无可能在今天重演。瓦拉迪耶曾略带嘲讽，用一个相当沉重的词语来描述对当地奶牛的拯救与重兴：种族主义。只有在这样的语境下，本地保护才能被玩笑般地接纳。然而，这却是在生活中无处不见的，我们总是善于自欺欺人，一方面对那些在欧洲农业领域工作的大批外来劳工视而不见，一方面正是得益于他们的辛苦付出，我们现有的身份才得以维持。随便举几个意大利国内的例子。今天我们之所以还能自豪地谈起“意大利制造”的明星食物——艾米利亚－罗马涅区的帕马森干酪，瓦勒达奥斯塔地区的甜乳酪，朗格地区的多款知名DOC（法定产区）和DOCG（保证法定产区）葡萄酒，不就是因为有他们这些忙碌在山丘、牛奶坊、葡萄园和酒窖间，挥洒着热情与汗水的人吗？他们是锡克人、马格里布人、马其顿人……如果离开这些高档的明星食品，去看看那些我们饮食文化中稍微普通一点的食物，我们亦无法忽视大量的比萨、干拌面、意式千层面尚存的基础，正是无数的外国移民在田间为我们辛勤栽种的番茄！这是一个我乐此不疲谈论的话题，首先可以证实，一种文化的建立和文化属性

① 2015 年，《慢食，慢生活》第一版出版 10 周年之际，意大利GIUNTI出版社推出了本书新版。新版以“立足当下的思考”为题，增补了数段小插曲，回顾 2005—2015 年间的变化。——编者注

的确认，都无法脱离与其他文化的合作、相互影响、交流与对比。如今意大利农作物生产领域的工作者完全清楚我们欠外国劳工多少感谢，他们将本来可以在自己国土上书写的历史给予了我们的国家。从公平公正中，在对感恩的自觉中（企业家们感恩那些保障他们生产经营的人，外国移民感恩得以在此重新描绘未来的蓝图），应该诞生对这些劳动者和农作物给予足够尊重的经济模式。农业领域环环相扣的产业链得以良好运行，建立在它以谋求公共福祉为导向的基础之上。农业生产是为全人类谋求福利，绝不应当借机剥削或者造成实质上的奴役。然而，密集农业变成了一个任意牟利的工具，在劳动者被压榨、相关权益得不到保障、相关法规不被遵守的情况下，生产出的农作物相较"健康农业"的农作物价格低廉，而去购买这些背后隐藏着无数不公的低廉产品的人应当知道，自己或多或少成了上述恶行的帮凶。在那个年代，拉吉约勒镇的成功经历，得益于本地人的积极愿望；但如果今天我们重头再来一次，没有外国人的助力，历史几乎很难重演。无论如何，今天的拉吉约勒外国人占 20%，而正是他们的存在让这个健康的当地奶牛品种得以持续繁衍。

令人担忧的景象

前面的日记介绍了第二次世界大战后发生在农业及食品生产领域的三种典型情况，也是20世纪后半叶社会、经济、文化变革的缩影，是人类历史上史无前例的转变。

请读者们先有点儿耐心，这一章所描述的内容或许大家早已耳闻，这些论点并非全新，却是接下来论述内容的重要序曲。讨论美食学的观念之前，必须先了解它们，才能进一步知道它们与美食学之间的关联，并且知道如何正确应用营养学原则，建设更健康的未来。

回想一下前三则日记，我们可以清楚地看出工业化在过去两个世纪横扫全球所产生的副作用。它明显改善了住在西半球的千百万人的生活品质，并创造了“发展”一词。举例来说，许多地方的人对于营养不良或不易取得食物的生活状况已经不复记忆。然而，所谓的发展现已被证实有其限制，并在全球化、后工业化时期造成了许多问题，让我们的世界无法继续承受，进而产生了系统无法持续的问题。

随着工业化，以技术专家为本的制度在一个多世纪前就产生了！这个制度要求利润至上，超越政治；经济至上，超越文化。产量成为判断人类活动好坏的主要标准。法国哲学家、社会学家、理论家埃德加·莫兰曾说过，驱动“地球母舰”需要“四具引擎”，这四具引擎互相牵动辅助，产生了“盲目、不断加速的过程”。他所说的四具引擎分别是科学、技术、工业及资本主义经济。这四具侵入性的引擎无所不在，不只在生产制造物品、消费产品的工业化过程中影响我们，更在文化上影响我们的日常生活。

这四具引擎促成了极权，科技和经济是主宰，它们是完成目标及成就价值的工具。全球化更扩大了它们的主导地位，成为世界奉行的标准。这一切发生得越来越快，大家都以压缩时间为主要目的。联合国教科文组织分析和预测办主任热姆·班德曾说：

> 这股风潮要到何时才会结束呢？我们现在的生活被“事事讲求速度”所主宰。举例来说，我们要求一秒之内就要完成一笔金融转账交易，任何新闻都只能取得极短暂的曝光时间，甚至选举活动也只是一个极短暂的公众行动，显示了我们的社会存在着一种凡事只讲求效率的“速度主义”。

把科技捧得最高的“新思维”，否定并隐藏了这世界原本应是复杂且彼此依赖的特性，这种错误的价值观让我们对每件事都做直线型分析，却不知道这在现实中是不可行的。

凡事直线思考、讲求进步，想控制大自然、量化每件事、消除彼此差异的价值观，使不同文明间的鸿沟进一步拉大。现在的世界被一分为二，一边是在这些价值基础上求进步发展的西方世界，另一边则是被西方世界原则所压迫的其他国家，后者只能选择完全拒绝这种价值，或是接受这种价值并与西方结盟。当然，其实所谓的选择也只是一种相对的概念，因为新殖民早就出现了。

命运共同体：大自然、人类和食物

人类长期以来在历代文化的淬炼下，发展出复杂且多元化的生产行为，展现出人与人之间、与社会之间彼此依赖的关系，同时也反映了世界的复杂性。人类行为深受人与大自然之间关系的影响，不过自从资本主义工业化兴起后，这种密切关系已面临改变。

从食物及农业角度来看，人类现在的目标是主宰大自然。第二次世界大战结束后，为了解决世界饥荒，食物及农业发展经历了全面转型。原本是人类食物来源的农业，转变成工业化的农业，不幸的是，工业化农业其实隐藏了许多冲突，并且也充满了矛盾。

我们为这样的转变付出了很大的代价。经济学理论引入负外部性的概念，试着量化先前提到的四具引擎所带来的相关损失，比如环境污染、土壤被破坏、过度开发导致的自然景观破坏、日益减少的能源、生物物种及文化多样性。对于这么复杂的问题，我们无法给出单一的解决公式，也没办法量化可能产生的成本，包括环境、社会、文化方面的成本。我们能做的只有计算损失，或是干脆直接接受“地球母舰”正驶向灾难的事实。这些都是既定事实，而不是秘密，也不只是一些激进环保人士的主张，事实上，人类正以远超地球所能承受的速度及方式，消耗地球，破坏地球的平衡。

千年评估报告

2000 年，在时任联合国秘书长的科菲·安南的呼吁下，千年生态系统评估项目启动了。该项目的目的是研究生态环境改变对人类健康造成的冲击，同时也记录了保护生态环境所需的行动。这份报告历时四年，在来自联合国粮食及农业组织（FAO）、世界自然基金会（WWF）等不同机构的 1 360 位专家的协助下，终于在 2005 年 3 月正式发布。记者安东尼奥·西安修罗用了这样的比喻来形容当时的状况：

> 我们正面临着生态系统破产，我们所拥有的财产都已经被典当了！在过去的 25 年间，每三片红树林中就有一个消失，每五座珊瑚礁中就有一个消失，每三个生态系统中就有两个在衰微，25% 的哺乳类动物、12% 的鸟类及 32% 的两栖动植物都濒临绝种。

这的确是非常严重的状况，联合国粮食及农业组织总干事雅克·迪乌夫警告，“人们在借贷未来”，“地球上大量物种处于灭绝的边缘”：

> 在过去50年间，人类以史无前例的速度，迅速广泛地改变生态系统以满足不断增加的食物、水、木材、纤维、燃料等需求，导致地球生物多样性发生不可逆的损害。

这些损害是由所谓的生物多样性减少导致的。根据1992年在巴西里约热内卢所举行的全球环境首脑会议提到的“生物多样性”定义——

> ……活性有机体当中的变异可来自任何地方，包括陆地、海洋和其他水生生态系统，以及它们组合在一起的复合生态系统。包含了物种内或是物种间的多样性，以及生态系统的多样性。

生态系统改变的主因是大量土地转为农地使用。自1945年起，人类对土地的开发使用，超过过去两个世纪以来的总量，而现今耕地面积更超过整个地球陆地表面的1/4；水资源使用自1960年起以倍数增加，其中的70%是用在农业上；同期，排放到生态系统中的硝酸盐增加了一倍，磷酸盐增加了三倍；自从20世纪发明化学肥料后，超过半数的化肥是在1985年之后消耗的；二氧化碳浓度自1750年起增加了32%，主要是因为石油燃料的使用，还有土地的过度开发（例如砍伐森林）。而这些改变中约有60%是从1959年开始发生的。

这严重干扰了大自然的平衡，损害了生物多样性。物种灭绝在过去 100 年间造成的影响，比地球历史上曾经发生过的任何巨变所造成的影响都大上千倍，特别是对可耕种的作物而言，基因的多样性也遭到破坏。

就像千年评估报告里说的，这些生态系统的改变——

> 虽然对人类福祉及经济发展有实质帮助，却是我们付出不断增加的成本所取得的，影响了许多生态系统原有的自然循环，更使得某些族群的贫穷状况恶化。我们要预先研究这些问题，否则子孙后代能从生态系统中获取的好处势必减少。

我们在生态系统中得到最重要、最不可替代的好处就是“营养”，但因为对食物和水的需求增加，我们必须做出许多改变。

1960—2000 年，世界人口增加了 1 倍，达到 60 亿人，而食物产量增加了 2.5 倍。根据联合国粮农组织的资料，目前的粮食产量足以供给 120 亿人口食用。面对这些统计数字，我们还能说拼命“发展”是必要、合理的吗?

让食物回归中心位置

粮食产量增加、耕地增加，全球 22% 的人口（几乎占劳动人口的一半）从事农业工作，但是可供 120 亿人口食用的粮食，实际上却没有满足 60 亿人，地球上还是有人饱受饥荒之苦。努力生产不但没有达成“让大家都有饭吃”的结果，还导致我们的土地不断沙漠化，或是因过量使用化学肥料而板结，水资源即将用罄，物种也快速减少，尤其是动物和植物物种持续减少，而这些原本是人类与大自然完美持续结合以维持人类生计的要素。

显然是哪里出了问题。如果我们考量自身对食物的需求，并从长远的角度来分析，不断生产造成的伤害绝对比好处多。

工业化农业给我们造成一种它能解决食物需求问题的错觉，但实际上，它是一名刽子手。因为工业化农业采取无法持续的模式，会让原本可持续、具有不同族群特色的方法消失，也让寻找美食的人再也无法找到珍贵的美食知识或口味。虽然工业化农业的最初目的可能是养活大量人口，但它最后却导致食物及农业都被忽略了——让数亿人口脱离原有的生活，仿佛取得食物只需要一个指令，完全不需要付出努力。政府对这个议题毫无兴趣，一般的消费者则根本不去思考自己吃了些什么，想了解的人需要大费周章才能获得一点点信息。

食物及其生产方式必须有它应有的地位，我们要重新检视我们的行为模式。现在，要了解的重点不再是粮食的产量，而是它的复杂度。从不同的口味，到环境、生态、人类与大自然之间的和谐，以及维持人类的尊严，目的都是希望大幅改变人类生活的品质，而不是像现在这样，屈服于一个和地球不相容的发展模式。

立足当下的思考

关于浪费

浪费这个话题，10 年前在我动笔写到它时，它才刚缓缓起步。我写相关的文章，一来是为了收集一些可靠的数据，二来试图为垃圾处理厂里那些数量庞大的食物找到一条出路。幸运的是，今天这个话题终于顺理成章地处于中心地位，而不仅仅停留在实操的层面。它成了包含众多人类行为的一个“垃圾文化”的典型事例。值得欣慰的是，在短短 10 年间，由于很多人与机构的大量工作，这种情况从解决方法到认知都有了长足的进步。但即便如此，如果你们晚上去各个超市，通常也会看到售货员从货架挨个儿收拾打理未售出的食物，塞进购物车，一到关门的时间就交给城市垃圾处理中心。如今，全球约有 30% 的食物从未抵达任何人的餐桌，这其中的 30% 是在家中被浪费掉的，而剩下的则损失在了之前的环节：田间、物流、包装、分销。乍一看这是个非常易于理解的简单问题，仿佛不难解决，其实则不然。因为浪费的构成门类也多种多样，涉及的群体也相当广泛。比如在贫困的世界里，因为缺乏有效的结构、通达的交通而形成浪费；在富裕的世界里，似乎是由于食物与市场的太易获得而不懂珍惜，进而形成浪费。可以肯定地说，我们离真正解决这个问题还有很长的路要走。有一个问题可以帮助我们去丈量这条路的长度：浪费的粮食对谁有用？因为现在对该问题进一步的认知，需要我们明白：浪费不是路途中发生的一起事故，而是一种生产选择。换言之，如果没有浪费，那么我们近几十年的农业生产模式（单一农作物种植、工业化农业、大规模分销和不均衡饲养）将无法进行；此外，如果没有污染、没有生病、没有损伤，上述模式同样无法进行。这一切都是那些“食物”为我们所享用的必要条件。这正是近几十年的复杂境况最关键的切入点。不过涉及的群体多样性并不足以剥夺消费者——食物的共同生产者的权利。如果一个人决定过上不浪费粮食的生活，从他自身做起，就可以开始一场小小的变革——千里之行，始于足下。

工业化农业一定是好的吗?

在这里我要先说明，如果食物要回归其应有的地位，我们必须关心农业。讨论粮食问题却不讨论农业是不可能的。每一个美食家都必须了解这一点，因为目前这个世界是西方农业历史及其对大自然破坏的呈现，现在的工业化农业已经看不清楚目标，但这个目标对于世界上关心粮食品质的人而言非常重要。

西方农业的历史描绘了生产力的渐次提升。这个过程起初很缓慢，到了 18 世纪后半叶，西方引进了一些豆科植物和饲草植物轮替耕作。这是极具革命性的，能让土壤比过去更有效率地受肥，但是我们别忘了，过去的方法是非常天然的。当然，这种革命性的进步也让农产品的库存增加，生产力普遍提升。

外部物质引入农业生态系统后，农业的发展更为迅速。大家开始从邻近城镇引进有机肥料，引进海鸟、家禽的粪便，还有其他从更远地方进口的有机肥料。当这些资源被用尽或者不够用的时候，化学肥料就应运而生，并以工业化的规模大量生产。我们若从大自然的角度来看待这些改变的话，一定会发现这个持续加速发展的潮流其实是违反自然规律的。

化学肥料是在 19 世纪 40 年代发明的，它是现代工业化农业逐步发展并朝向非自然化的重要因素。使用化学肥料的趋势，让将外来方式引入现有生态系统的潮流继续，同时也促进了非有机物质的开发，最后造成化学肥料的过度使用。单单在过去 20 年，化学肥料的用量便是这之前化学肥料产量的两倍，诸位认为地球能够在原本的平衡状态下支撑如此巨大的改变吗？

正如印度生态学家迪贝尔·戴伯在他 2004 年出版的著作中所描述的，现代农业及畜牧业的发展促成了大自然的简单化以及均质化，这种科学研究的目的是要将不确定性最小化，并确保有效率地生产商品。现代农业包括少数作物的密集种植、进行上千种对生物多样性造成危害的实验，这些单一文化雕塑了现代农业，快速灭绝其他生物，使土壤变得贫瘠，摧毁了支持地球的生态系统。最糟糕的是，尽管有这么多的实证可以证明大规模农业生产的缺点，但这样的做法仍然是所有想要赶上西方的农业国家所效法的发展典范。

这种把农业工业化，也就是根据工业原则进行农业耕种的荒谬想法主宰着世界。在工业化农业之下，大自然的果实反而被当作原料大量消耗及加工。人类对大自然规律的破坏影响了整个食物生产系统，工业化农业的食物生产在科技至上的世界中成为发展的“典范”。这对西方世界造成了极大的影响，而强迫大家接受单一方法的想法也导致了更严重的问题。这样的工业化农业对环境、对贫穷国家的人民、对原本与自然生态环境和谐共存几世纪的传统及文化，造成了不可估量的伤害。

地球需要新形态的农业

所谓的绿色革命，是第二次世界大战之后在世界银行的支持下进行的，它给当时世界上许多为饥饿所苦的地方带来了希望。肥料的使用及杂交品种使农作物产量大增，一年不止收获一次，看起来这让部分地区的营养问题得以解决。不过，实际上真正解决营养问题的地区却很少——从最终的分析结果来看，绿色革命反倒是一场生态及经济的浩劫。

工业化农业导致天然资源大量缺乏，杂交品种需要更多水，它们取代了多样化的生物物种，甚至让多样性永久消失。它们更间接地破坏土质，让土壤必须靠不断增加化学肥料及杀虫剂来受肥。

还有更惨的。首先，除了失去生物多样性及传统农事的技巧，我们还失去了无价的知识遗产。这不单单是指失去耕种知识或只是忘了某种植物的存在对于生态系统的好处，我们也忘了如何使用天然物产、如何加工等知识。此外，农业发展被视为贫穷国家发展的主要动力，这使得绿色革命帮助许多大型跨国企业开拓更大的市场，并在种子、肥料及杀虫剂这三种产品上获取最大的利益。这些跨国企业也等于在越来越令人憎恨地侵略那些发展中国家。

地球上大量的生态系统遭到破坏，食物产量虽然增加，却无法解决饥荒及营养不良的问题。若从文化及社会角度来看，损失更是无法计算：古老的传统及知识被摒弃；农村人口抛弃家园聚集到城市，进而形成了像新德里或是墨西哥城这样的巨型城市；大量的饮食知识及厨房技巧流失；如何正确使用农业资源的方法也消失了。我们见证着农村文化以前所未有的速度被人类歼灭。

因此，我们急需一种新的农业、一种新的耕种方式。我们可以先从那些还没有被工业化农业摧毁的地方，开始采用可持续性的农业生产方式。大家不要以为这是走文明的回头路，其实，这是要从过去发展出新的开始，同时也让我们意识到这些年来我们所犯下的错误，要让因为工业化原则而被遗弃的农业区域在可持续的原则下提升生产力，并且保留、改进和传播传统知识。传统知识能让我们了解，其实有其他可行的生产方法，并能让那些受全球奉行的工业化农业影响而被边缘化的人们，重新找回尊严及新的机会。

科技本身并非不好，就看我们如何利用它。唯有通过可持续经营，同时尊重古老的传统及现代科技，我们才能对未来抱持希望。唯有这样，美食学者才能慢慢走出抗议者的角色，进而转变为一群心满意足、相信食物是生活中心的人。

美食家的权利

曾有人说过，人类可以主宰大自然，可以通过科技找到所有问题的解决方法，但是人们在找寻答案的同时，其实也会产生更多的问题。这对现今的地球来说，真是非常正确的描述！

面对这种情况，我们需要的不只是一个简单的改变，更要有想法上的彻底转变，要有更深入、更深层的思考，要更谦卑，对大自然更有责任感。

现今的食物生产系统深受西方资本主义文化的影响，同时这个系统也深受西方文化及思考方式的伤害。

“我们吃什么样的东西，代表我们是什么样的人。”这句话真是千真万确。如今在吃的方面，我们远不及我们的祖先，我们似乎比他们更野蛮。仔细研究食物如何制造、销售、消费是打开我们眼界的方法，能让我们知道自己现在变成了什么样子，以及将来要去向哪里，更能使我们了解控制世界及生活的复杂系统。

这里提出的许多想法，都是从我在过去 20 年间，以及担任国际慢食协会主席的经验当中，还有身为一位美食学家的个人经验中所衍生出来的（每一章开头的日记都有明确的例子阐述这些经验）。身为一位美食学家，我也捍卫基本人权，认为每个人都有权利追求快乐、自然及身体的健康——就是因为否认这些基本权利，才会造成现今复杂的情况，但我认为美食学可以提供给我们有用的方法，维护这些基本权利。现在，就让我们来看看该如何进行——首先从研究美食学开始，让我们用现代的、可持续发展的方法，赋予它新的定义。

第 2 章

美食学及新美食学

[日记4] 我的美食学良师：组织者、生产者、作家、美食家

在我成长的那个时代，所谓的“美食学”纯粹要靠自学。当时并没有什么品酒课程，更没有那种教美食学的大学。所以，除了自己的成长过程、人生中喝到第一瓶重要的酒，以及第一次在高级餐厅用餐等经验之外，真正影响我的是那些刺激我学习的人。那些人是真正的老师，他们的教导，加上我自己喜爱阅读以及早期的电视烹饪节目，造就了现在的我。

拿我自己的经验来说好了。我住在一个把美食当作日常生活的重要部分的地方，有许多被我视为老师的人，包括我所熟识的人、作家或是电视上的人物等。从某些方面来看，这样的环境让我比较自觉；但从另一些方面来说，学到的东西却又是非常浅显的。

先从路易吉·韦罗内利这个人谈起。他或许可以说是20世纪全意大利最重要的食物与酒类鉴赏家，也是意大利第一位写出美食学的真正作品并推动美食节目发展的先锋。他的作品非常有趣，因为其中同时包含了实证科学、历史及哲学。

在我和他的互动中也有一些有趣的回忆：他创造出一种新风格来讨论美食和美酒，他使用丰富的文字并重新诠释了许多意大利词汇，他是第一位拥护农民及小制造商的人，他也是真正能让大家在餐桌前享受快乐的人。他的想法和一些书籍是我们那个年代许多爱好美食的人的教育基础，他也让意大利食品及酒有了长

足发展，因而奠定了他今天的地位。他在电视领域同样也取得了不同凡响的成就，他和艾芙·尼基共同主持一个节目，他们利用新兴媒体，以创新手法呈现主题。

不过，对我影响最大的电视节目却是马里奥·索达蒂的节目。他真的是值得一提的人物，他是美食家、诗人、小说家，同时也是电影导演。我还记得 1957 年，那时候我们全家人总会黏在电视机前目不转睛地观看他的节目——《波河谷之旅：寻找真正的食物》。

在当时的意大利电视节目中，这位身兼数种身份的才子，是少数能成功表现战后意大利所经历的那段过渡时期的人。当时是农业经济向工业经济转型并导致工业化农业兴起的阶段。想了解当时意大利发生的转变，这个系列的节目现今仍然是不可或缺的资料来源，正如我在前一章所说，这样的资料在农业传统快要消失的情况下显得更有价值。

我来谈谈对我的思想及行事风格具有直接影响的三个人。这三位重要人士都跟我在同一个地区工作，所以我和他们有直接的接触。他们分别是：巴托罗·马斯洛，他是巴罗洛地区的葡萄酒制造商；另一位是巴蒂斯塔·里纳尔迪，他也是巴罗洛地区的葡萄酒制造商，同时是兰盖镇（Langhe）的镇长，当年国王以这个小镇的名字为葡萄酒命名；还有一位是卢西亚诺·德·贾科米，他是松露骑士协会的前任会长。

先来谈谈巴托罗·马斯洛。2005 年他过世时，悲伤的不只是他的家人，许多他的产品的爱好者也都悲恸不已。从他身上可以看到兰盖人的本色，说他本人就是兰盖镇的代表也不为过。他本人严格的政治及道德观，最终成就了他。

在他生命的最后一段日子里，我有幸认识了他。跟他讲话时，就像是和这片土地对话，仿佛和他一起经历了这片土地发生的改变，也让我变得更热切更开心了，并想保护这片土地。早在其他人发现品质的重要性之前，他所酿造的葡萄酒就已经开始注重品质了。他让我亲眼看到根据三个基本原则做出的第一个实例，这三个原则就是优质、洁净及公平。他尊重品质、环境的可持续性，尊重工人和所有参与制造产品的人。

第二位影响我的人是巴蒂斯塔·里纳尔迪。我常陶醉于他那讲究又令人愉快的说话方式，同时他总能保持自己作为宴会主人的高贵身份。许多年来，他同时担任镇长以及巴罗洛酒类商会的会长，并以晚宴主人的身份享有盛名。他遵守亚历山德·葛里莫德拉·汉尼耶1808年编纂的《宴会主人守则》(*Manuel Des Amphitryons*)一书里面提及的高贵之人讲究的手法。由巴罗洛酒类商会筹办的每一场宴会或酒会，他都先做开场讲话，一开口总能吸引观众的注意力，能让大家对美食这个主题感兴趣——这一点他做得比任何人都成功。我认为宴会主人对于举行一场精彩宴会仍有其重要性，让客人放松、居中协调较为艰深的术语及有趣的美食语言，这些都能让宾主尽欢。如果我们想要传达信息或是感受，想教导人们关于美食的知识，这些都是非常重要的技巧。

在同一时期，还有另一位伟大人物身处我们那一区，他便是卢西亚诺·德·贾科米。我跟他是经过很长的一段时间后才认识，彼此真正认识之前，我其实并不想主动接近他，因为对我而言，他似乎非常粗野、严苛，从许多方面来看都是很难相处的人。他是当时皮埃蒙特保守风气的缩影，他对每个人日常生活的要求都非常严格。不过相对地，他也用同样的标准要求自己。1990 年，我成功地举办了第一届皮埃蒙特地区国际品酒大会，因而获得“松露骑士协会之友”称号，他当时是该协会的会长，而我因为参加了由这个杰出组织所举办的许多酒宴而认识了他，并被他的严谨及权威深深震慑。如果说巴蒂斯塔好相处且谦恭有礼，那么卢西亚诺就是暴躁又严谨。不过他们就像是一枚硬币的两面，从他们身上我学到了身为美食家的重要性，以及对于这个角色而言，能够和其他人沟通是多么重要。

从更严格的“美食美酒专家”的观点来看，另一个对我有重大影响的人是朱斯托·皮欧拉托博士。他是一位真正的优秀食物鉴赏家，他关于美食的许多思想都令我心醉。他是 *L'espresso* 周刊（意大利最具影响力的新闻周刊）出版的《餐厅指南》的评论家，他教了我许多有关如何选择餐厅和判断食物好坏的方法，对制造商、原料和烹饪技巧的了解也很深。他有真正的慈悲心，也因为知晓深奥的知识而进一步丰富了自己的饮食乐趣。凭借他的知识和品位，他不用大吃大喝也可以享受食物的美味。

最后，我要感谢福尔科·波尔蒂纳里。他是一位诗人，也是一位作家，同时也是*La Gola*杂志的编辑（*La Gola*是一本非常前卫的意大利杂志，赋予美食革命性的新义）。我跟他在20世纪80年代，建立了阿齐高拉协会，直到现在还继续合作。尽管我们彼此有意见不合的地方，但总是在真心交换想法的情况下和谐解决彼此的分歧。波尔蒂纳里在1986年完成了精湛的《慢食宣言》，他的建议和批评一直都很有价值，也教会我用更多聪明的方法学习美食学。

自从我开始到处旅行，在世界各地都会遇到许多像他们这样的人物，上述这几位是最早影响我的人。后来熟识的国际友人当中，也有一位值得一提，那就是休·约翰逊。我认为他是全世界最好的酒类鉴赏家，也是过去一个世纪以来酒类主题作家当中最好的一位。他的著作《酒的故事》（*The Story of Wine*）是一本关于酒的史书，至今仍是非常经典的一本书。他的作品风格、研究方法以及他与农民和酿酒商打交道的能力，皆令我印象深刻。正是他独特的态度启发我从酒类开始研究，然后继续发展，归纳出本书呈现的观念。

各位读者将会发现，书中所写的日记主要向一路上或多或少改变我生活的人致敬，但同时我也希望强调自学对于美食学有多重要。一个人为何必须时常保持警觉，借由实际与人接触、观察身边的人，去领悟这些复杂技巧及各种不同的感官感受？这正是美食学迷人却又神秘的精华所在。

美食学

“告诉我你吃了些什么，我就知道你是怎样的人。”“我们所吃的东西代表了我们。”这两句著名的话虽然以极简单的方式陈述，却隐藏着极复杂的内容。这两句话清楚地让大家知道以往食物扮演了绝对中心的角色，然而现在食物的中心地位已经不再。如果我们想要解释甚至影响构成当代社会与世界基础的动力，就必须先好好地研究食物。

食物是定义人的身份的要素，我们吃下的东西是文化发展的产物。如果我们能接受在自然与文化两个概念间，也就是天然和人为方式之间存在着一个中间的概念，那么食物便是自然与文化彼此融合的过程中所产生的结果。在这个过程中，食物从原本完全天然的原料，转变为文化产品。

当人们采集、收割、驯养，不断地开发吃的东西，其实也改变且重新诠释了大自然。人们从事生产工作时改变了自然，影响大自然自给自足的系统。人类从采集食物到发展农业经济的转变过程，是人类开始定居、耕种、豢养家畜的历史，也是操纵大自然使其满足自身所需的历史。跟其他动物不一样，人们准备三餐时运用比较精细的技术来转变原料，于是慢慢地发明了火烤、发酵、储藏、烧煮等方式。当人们吃东西时，他们仔细选择要怎么吃、想吃什么、在哪里吃，以及吃多少。

从历史的角度来看这些过程，我们可以发现极为复杂的象征意义，那就是人类的身份认同极端不稳定，在彼此交换、创新、融合、结盟或冲突的影响之下，一直重新被定义。马西摩·蒙他那利用了一个十分恰当的词来比喻人类认同问题的复杂程度，那就是“根源”一词。“根源”这个词常被偏颇、错误地使用，给人一种刻板印象，常被认为用于强调或证明人们彼此的不同；甚至更糟糕的是，它被认为用于强调“种族”之间的差异。他认为：

> 有史以来人类的寻根活动从来没有成功过。我们越是追溯过去，越会发现过去就像错综复杂、盘根错节的线团。在这个复杂的系统里，我们本身才是定点，而不是我们不断寻觅的根。人类身份认同的区隔其实一开始并不存在，而是经过文化发展的过程，最后才出现。如果我们一定要追溯根源的话，不如就这样比喻吧：人类饮食文明的历史跟植物一样，越向外生长，它的根就越向下深入土壤。植物的果实长在地表，可以清楚明白地看见，就像我们人类；而根长在地下，盘根错节向下伸展、分布很广，就像构建我们的历史。

我借用上述比喻让大家了解食物的重要性，及其所代表的意义。抱持着现今事事都得靠技术专家、凡事要求简化的想法，我们掉入了陷阱，忽略了食物来源及其与人类的交互关系。我们变得只考虑结果，只在乎我们最终吞入口的食物，但其实根源是非常重要的，必须把它当成讨论的主题才行。我把蒙他那利的比喻做了些修改：食品是在地表上看得到的，就是我们每天放在盘子里、最常讨论的产品；而根源是在地下，盘根错节、分布很广，指的是我们盘子里的食物被制造出来的过程。

食物是一个地区的产物，代表了发生在那片土地上的人、事、物及其历史，也代表不同地区之间的关系。我们可以通过食物轻易地讨论世界上的任何一个地方，当谈论与食物有关的故事时，我们会提到农业、餐厅、贸易、地区、全球经济、味道，甚至饥荒。阿斯蒂甜椒的故事象征着全球化经济；特瓦坎浓汤里面的苋菜和野菜，告诉了我们被遗忘的美食知识，还有被摧毁的农业经济；印度海岸的大明虾养殖告诉我们只顾追求“进步、发展”，会造成不良的结果；旧金山农贸市场的故事告诉我们原本立意良好的想法，实际应用到自然系统中时可能会产生负面效果。当人们接触这些故事时，便能清楚地了解到，食物是诠释现实及周遭世界的主要方式。食物反映了现今世界、过去的复杂历史、纠结缠绕的文化和不同生产哲学间的交集。

若要研究这许多处在混乱边缘且无法归类的问题，我们的确需要一种有系统、有组织的科学方法，把所有的知识学问、相关的科学都考虑进去。我们想为有兴趣研究这个主题的人提供新的工具、新的位置，想让那些凡事要求看到统计数字的人能更容易理解这门新科学。且让我们加入一点人文情怀，以更开放的思考方式找回看似已经失去“科学”地位的美食知识吧。

关于美食的科学

美食学是一门研究食物及饮食文化的科学。

这个词起源于希腊。法国诗人约瑟夫·德·贝何索把这个词用在一首名为《美食或餐桌前的人》的诗中，这首诗发表于1801年，并于1810年被翻译成英文。在法文的标题中提到了“餐桌前的农夫”，这在某种意义上把耕种的世界和消耗食物的世界联结了起来。19世纪初，美食学的定义慢慢出现了，而主要的推手就是法国文化。

法国大革命后，美食家和厨师之间建立了积极正面的联系，这对于后来确立及维护法国料理有很大的帮助。在那段日子里，现代餐饮业在当时的巴黎发展非常迅速，1804年时法国的餐厅数量是法国大革命之前的5倍，到了1825年餐厅数量达到1 000家，到1834年时更超过2 000家。美食家凭借着自身的标准和最初的美食评论文章，为主厨赢得了财富，也塑造了他们的声誉。美食文学也相继诞生，其中最重要的作家包括布里亚·萨瓦兰和葛里莫德拉·汉尼耶两位，他们可以说是现代美食学的真正创始人。主厨们也借由安托万·博维利耶尔、查尔斯·杜兰和安东尼·克莱姆等作者的著作来聚集人气，提升受欢迎的程度。

从辞源来说，“美食学”的意思是“胃的法则”，也就是说，如果一个人通过选择且消费食物来满足自己的胃，那么必须遵守一套规则。后来发展的美食学定义，只包含这个词的部分意思，仅把它定义为“准备及烹调食物的艺术”。当“美食学家”这个词在 1835 年首度正式收入《法兰西学院词典》时，它仍只被定义为“负责挑选、安排并把丰富的食物送上餐桌的人”。

事实上，这个词还可以再延伸。其中“食物的选择”似乎在各种不同的定义中都曾被提到，当中蕴含更多、更广的知识，也涉及技术或者人文领域。人类长久以来一直试着改变大自然以获取所需的食物，若想研究这个过程的历史，它的复杂程度肯定会令任何想要分析的人大吃一惊。把美食学的定义精简到“吃得好”是一个双重错误。首先，这个定义毫不怀疑地接受了一般性的看法，把营养及美食分开，使其成为不同的主题，认为营养学侧重经济及生存，而美食侧重文化及享乐；其次，这个定义认为在界定食物根源的复杂系统中，美食只占一小部分，而且是不怎么高尚也不重要的部分。

社会精英及贫穷人家

美食学从一开始就带着明显的精英主义，毕竟那些食谱，甚至第一篇关于美食的评论，都是由当时社会的上层统治阶级为他们自己所写。不可避免，美食是因统治阶级而生的。在穷人、乡村居民的次文化中，没有留下任何关于美食的记录，我们可以从这些上层阶级的食谱中猜想到上层阶级如何剥夺穷人获取美食知识以及快乐的权利。尽管如此，美食历史上的一些重要创新，却是为满足社会下层人民迫切的生活需求而生的，由于食物匮乏且不可久放，为了满足运送或保存的需要，不得不减少时空因素对食物造成的冲击。

1801 年，“美食学”这个词第一次出现在与饮食相关的文章中。几个世纪以来，“胃的法则”对大部分郊区及乡村人口来说，最主要的是解决温饱问题。只有在有钱人家摆满食物的餐桌旁，才能有尊严地谈论美食；大家也理所当然地认为，有办法取得食材的人，才会对调味和烹饪方法感兴趣。反观穷人、吃不饱的人，尽管他们数个世纪以来为了适应变化而发展出许多生存的知识，但他们从一开始就被排除在美食学的领域之外，被剥夺了应有的权利。

求生存和享乐的区别一直存在着。不过，在第二次世界大战之后的几年里，情况开始有了剧烈的转变，西方世界解决了食物取得的问题，并减少了食物对家庭生活预算的影响。尽管美食学最初是法国大革命后资产阶级的产物，但根源于宫廷的食谱，反映的一直是贵族生活的传统。有钱的富裕阶级开始对美食感兴趣，想从各个不同的方面满足胃口，找寻刺激食欲的美食，以虚荣心来衡量食物。

真正的资产阶级美食学观念则更为现代化。当阶级意识减弱、食物不再是阶级的象征时，原先的美食学概念便很快开始瓦解。自 1950 年起，美食这个词吸引了更多人的注意，如何选择食物有了新的含义，精英主义构建的美食学开始发生危机——不再是生活富裕的人才有最好的饮食，这些人也会在毫无灵性的超级市场购买品质很差的工业化产品。因此，纯天然生产或是罕见的传统农业方式所生产的产品，被没办法轻易取得它们的人视为珍品，于是与土地密切接触的人，自然而然地成了美食家。

美食学逐渐被限定在偏民间及好玩的层面，而这正好也消除了人们对饥饿的记忆。现今大多数的报纸专栏、杂志里面的彩色夹页、电视节目，还有游戏内容，都关注美食主题，没有深入的文化分析或真正关于这个主题知识的讨论，大家胡乱地、没意义地讨论美食，只为了吸引眼球。如果我们做个实验，请 10 个人告诉你美食是什么，他们会模糊笼统地告诉你美食就是“好的食物”。他们可能会提到精英主义，有些人会提到售卖熟食的商店，还有人会提到餐厅、厨师、夹在日报里的食谱。但可以确定的是，没有人会说它是一门科学。如果你告诉他们这是一门科学的话，他们还可能以为你在开玩笑呢！

只是民俗取向吗?

食物与美食在历史上是区分开来、完全不同的：前者代表了经济和生计，是科学性质浓厚的严肃主题；后者则代表享乐和饮食文化，纯粹属于消遣与娱乐，意味着好玩和大吃大喝，一点也不重要。这种虚拟的区分，几个世纪以来，让饮食文化被归类到民间传统，完全没有得到应有的科学地位，只能跟一些休闲娱乐活动、乡村游园会扯在一起，或是在媒体一窝蜂地对某个地区的传统产品产生兴趣，又或者在餐厅想争夺排名时才会被提到。

自第二次世界大战以来，美食“普及化”的程度到今日可以说达到了愚蠢的极限，对美食的科学性贬抑，其实在美食学创始者的作品中早已播下种子。作品里我们看不到任何可提升美食地位的相关词语，比如传统、社会精英、贵族等。那些对美食感兴趣并从中得到快乐的人，总是必须面对社会偏见，认为喜爱美食是贪图享乐、充满罪恶，美食根本不算什么重要的事情。只要想想我们常常听到的这句俗语——“先工作，后享乐”，相信就不难理解了。

萨瓦兰在1825年写下了《味觉生理学》一书。虽然在他去世前一年，法国美食风潮正值高点，但他内心深处仍对热衷美食感到羞耻。他自己出资出版的《味觉生理学》，第一版甚至没有出现自己的名字。他的羞耻感，从下面这段和朋友的对话中可以看出：

> 作者：……不管怎样，我还是不会出版这本书。
>
> 朋友：为什么？
>
> 作者：因为我长期致力于专业严肃的课题，我怕那些只看到书名的人认为我现在都在搞一些微不足道的琐事。

他是一位担任公职30年的人，曾出版法律、政治经济学等方面的数不清的著作（他年轻时还出版过化学方面的书），他不想出现任何与他一生辛苦达成之成就不一致的形象。然而，就像他在书的序里面写到的，他非常确定这本书里提到的论点的重要性：

> 在考量各种用餐的乐趣后我发现，在这个主题上我们可以研究出比食谱更好的东西，它有更重要、经常存在的功能，它对我们的快乐甚至生意都有直接的影响。

他的作品使用的夸张修辞技巧，尚-方夸司·赫维拉在为该书写的导言中做了说明："把各种修辞写作技巧综合起来，诙谐中带着严肃，看似没有条理却条理分明——萨瓦兰采用了分立式密码艺术，这曾是过去文学作品中一种正式的体裁，不过现在已经没人了解或是使用了。"

我花了不少时间钻研萨瓦兰的作品，因为他是现代美食学诞生的重要标志。他和汉尼耶两人在连载的《美食家年鉴》中奠定了现代美食文学的基础，并引入美食评论的元素。我很清楚《味觉生理学》的精湛及局限，我并不想与美食学的史学工作者竞争，不过我认为萨瓦兰并没有创造出什么，当然其中的历史因素需要更深入的分析，没办法用几行字说清楚。虽然《味觉生理学》的风格是好玩的、半严肃的，但书中仍清楚且技巧性地定义了现今建立美食科学的所有基本元素（这本书说起来也算是文学上的成就，但除了食谱之外，当时无法将之归于任何文类）。如果说美食学这个议题至今仍被归类到民俗学的领域，那么毫无疑问地，一部分要归因于萨瓦兰。若我们用比较科学的方式拜读这本书，将会发现他的某些想法是我在本书中提出的美食学论点的基础。

> 美食学是人类任何与吃相关的理性知识，美食学驱动着种植者、酿酒师、渔夫，还有许多厨师，或是用任何称谓掩盖他们对准备食物这件事的关切的人。美食学属于自然历史，因为它对食物种类进行分类；美食学属于物理学，因为它对食物做各种不同的实验分析；美食学属于烹饪，因为它跟准备食物的艺术有关，它让品尝食物成为愉快的体验；美食学是一种交易，因为它尽可能寻求以最低的价格来购买所要消耗的食品，并希望尽可能用最高的价格卖出，以赚取最大的利润；美食学也是政治经济学，因为它提供资源给掌控财务的阶级，并影响两国之间建立贸易的方式。

这里，我们可以发现美食学横跨多学科的复杂成分，它包含农业、经济、科学、技术、社会等与营养有关的方方面面。本书的原创性都来自这个定义，美食学也应该受到相同的尊敬；此外，这本书的原创性也来自于绝佳的敏感度构建出的视野，以及令人惊讶的掌握复杂事物的现代化能力。

我选择毫无保留地接受美食学横跨不同学科的特性，虽然我很明白自己的底限，但我还是希望以萨瓦兰的定义为出发点，敞开我的心胸接受这些复杂性。但是我拒绝接受“民俗取向”的观点，虽然我并不扬弃那种较接近享乐主义的好玩特性，但我会大幅降低这一部分的比重。这是一门与趣味和享乐有关，却必须以严肃态度面对的学问，《味觉生理学》出版后两个多世纪以来，这种观点为美食学带来了既传统又新颖的发展，这种发展隐含着重要的反省，此处套用萨瓦兰最爱用的说法：反省我们自己，也就是反省我们所吃的食物。

[日记5] 我的朋友爱丽丝·华特斯

许多珍贵的友谊是在用餐时不经意间产生的！交谊作乐时慢慢看出彼此的相似之处及喜好，经过时间的淬炼，慢慢发展彼此的关系，于是一起合作、一起冒险，并且大量交流想法——我跟爱丽丝·华特斯就是这样的朋友。当时我正倡导还处于萌芽阶段的慢食运动，她是美国唯一从一开始就接纳慢食想法的人。1998年2月，我第一次造访加利福尼亚州，同时也拜访了她经营的Chez Panisse餐厅，因而认识了她。她的餐厅是旧金山公认的最好的餐厅之一，她的名声享誉全美。除了提供餐厅的美味料理外，她也重新唤起了加州年轻人对当地美食文化的骄傲，还有对环境及那块土地上传统知识深切的尊敬。

爱丽丝在法国及意大利的生活经验，深深影响了她所提供的料理。但这也和当地农场息息相关，和美国很多移民家庭传承自故乡饮食的丰富知识息息相关。她提供的菜色品质优良，且带着强烈的个人风格——她总是以食材原有的风味取胜，这在工业化农业及快餐文化发展迅速的美国是相当少见的。

爱丽丝深受20世纪60年代后期各种富饶另类的文化洗礼——以伯克利为中心，当时正兴起重建与大自然和谐关系的运动。她的餐厅一开始是早期环境保护提倡者的集会场所，从开业起就只用当地农场栽培的有机食材。她可以说是美国有机运动发展的先驱，20世纪70年代她与朋友一起倡导洁净农业，我们从现今加州对于可持续生产方式的注重，以及有机作物的产量，可以看出该运动的成功。

在爱丽丝的餐厅用餐绝对是令人难忘的美食体验！主厨对待每样食物的精细度及关切程度令人惊讶，对于口味的清楚表现则更有甚之，他们以我从未见过的方式呈现蔬菜的原味！他们把精致的烹饪技巧和适当的农产品结合起来，坚持农产品生产要有正确的过程，要求供应商必须邻近生产地。就算只是品尝当作配菜的法国豆，也像是大自然的奇迹一般，有一种意外的惊喜。

爱丽丝绝对不只是一位聪明的厨师和维护可持续经营农业的斗士。过去几年，她在自己的美食冒险旅程中坚持创新。我每次去旧金山都会拜访她，2000年的时候，她带我参观了一个她开始实施的“学校菜园”计划。位于伯克利的马丁·路德·金中学有将近1 000名学生，其中许多是拉丁裔、非裔。这不算是一所好学校，但是这些学生却非常幸运，爱丽丝在这里创造了她美食生涯的真正杰作。她把学校校园打造成能让学生照料的厨房花园，类似基本的农业种植，让学生学会辨识蔬菜，了解其特性。这个计划极具原创性，她让现今没办法从饮食习惯中学到美食知识的都市学生，能够有机会自己种植食物，学到基本的烹饪原理，并学会如何处理自己种出来的农产品。

在美国的大城市中，儿童和青少年不在家用餐已经是不可否认的事实：家里不做饭，家人也鲜少聚在一起用餐，要么去超市买熟食，要么去当地的快餐店用餐。美食知识在美国已经完全被抹去，大家已经迅速感受到这会对大众健康造成不良影响。“学校菜园”计划教导学生烹饪、了解最好的食物，这是一个训练他们味觉及感官的好方法，也是全世界都该效仿的典范。所有学校都应该投注特别心血在饮食主题上，千万不要等到情况已经无法挽回的那一刻才懊悔。

爱丽丝打开了我的眼界，创造出一个有趣且成功的教育孩子的模式，同时还能让学生吃到健康的午餐。由此可以看出，她能当选国际慢食协会副主席绝非巧合，她就像一本美食活字典，她掌握的知识超越了专业厨师。她还涉猎各种美食学问，了解美食家在日常生活中都会遇到的复杂问题。她为食物的世界，以及应该为自己国家公民营养失调问题负责的政府，创造了一种新的操作方式，在全世界产生了巨大的反响。

[日记6] 佛罗伦萨环保团体的疑虑

2003年2月4日和5日，我参加了食物未来委员会的第一次会议，该委员会是由托斯卡纳地区议会发起的。我的任务是起草《食物未来宣言》(*Manifesto on the Future of Food*)，准备在世界贸易组织会议上宣读。这次我首度以生态美食家的身份受邀，并跟来自全球的知名学者、反全球化人士、生态学家们一起交换意见。组织这个委员会的目的是要提供机会让大家彼此认识、了解，同时讨论如何在全世界重振“食物至上”的理念、必须采取什么策略。也就是说，人们可以根据自己的经济能力及各自所拥有的传统知识，决定采用何种农业方式，决定要怎么吃，或是吃多少。

会议地点在意大利佛罗伦萨，大家聚集在华丽的房间里，感觉与世隔绝。房间庄重得有点儿令人尴尬，因为这个会议本身就已经够严肃了，然而空间又营造出更为庄严的气氛。会议成员们似乎彼此熟识，毕竟他们早已见过甚至合作过。成员当中我只跟两位比较熟，因为直到那时，我所提倡的运动和这些反全球化团体及生态团体仍有些不同。我习惯先做适当的选择，然后在该领域以实际的计划推动，直接实施计划。“慢食卫戍计划”就是一个例子，这是小规模的计划，目的是要保存某一种特殊饮食。当时，身为美食家应该具备的生态意识仍处于萌芽阶段，所以我以健康为取向，相信实际行动比只动口要好，这样的信念让我独立于其他团体。

大多数与会人员从未与我或是我提倡的运动接触过，他们或多或少对我抱持观望态度，还有人认为我只是一个标准的意大利美食家：看起来和蔼可亲，喜欢好吃的食物，耽于享乐，只熟悉自己国家的烹饪技巧。楼下准备的自助餐也使用慢食协会致力于保存及已保护的产品，相信这一定也增加了他们的偏见。

会议中我们听取了爱德华·戈德史密斯令人震惊的理论，他预言地球上的生命在几十年内会灭绝。他同时也是《生态学家》的创办人。他以夸张的方式开始他的演讲，但考虑到地球现今的状况，再想想他说的话，我相信他所说的也离事实不远了。不管怎样，他演讲之后，接下来便是典型生态学家一连串的批判及谴责。从食物未来的观点来看，他们攻击的焦点是工业化农业和邪恶的国际贸易所造成的伤害。

我津津有味地听着，但也有点儿不耐烦，希望赶快听到有关饮食的主题。并非他们所言和主题无关，我也明白分析全球生产系统、质疑产品品质、区别是否可持续生产、确保所有其他文化及社会需要被尊重等都很重要，但如果人们不把饮食因素考虑进去，等于也和过去的美食家犯了相同的错误，那就是：讨论食物时却不了解食物来源，把自己局限在有关味道的论文及研究上。在我看来，人们似乎或多或少陷入了简约论者的误区，与过度崇信专家学者的错误相同。坦白讲，美食家如果没有对环境生态的敏感度，那么他充其量只是一个傻瓜；但一个生态学家如果没有美食家的敏感度，那就是一出大悲剧，因为他将无法理解自己工作领域的文化层面。我们需要的是将美食学和生态学结合在一起的生态美食学。

我的演讲出乎他们的意料，理论上我应该讨论慢食运动的生态学愿景，和其他人使用相同的“语言”，甚至歌颂我们如何有效地保护生物多样性。我虽然没忘记告诉他们这些成果，但我的演讲主题是追求享乐的权利，特别是在美食方面的权利。我的基本论点是——享乐是人类的权利，因为它符合生理机能，当我们吃东西的时候会感受到快乐！人们在准备吃的东西时，总会想出最好的方法，让吃东西成为令人感到愉快的事情。

传统文化遗留下大量的文化遗产，例如食谱、一些如何处理本地食物的方法，或是处理比较容易取得的食物的方法。即使在深受营养不良问题困扰的国家，这类文化知识也都存在，印度就是一个好例子。这些知识和生物多样性关系密切，这些知识也是特定文化的象征，能带来最直接的感官快乐。

拒绝享乐仅仅是因为它伴随着富足，并因此产生罪恶感，这实在是一个严重的策略性错误。现在就连总是视享乐为次要的国际粮农组织，也开始重新检讨这种旧观念。在我们给予一个国家食物援助前，应该事先考虑那个国家真正面临的问题，才能针对问题给予实际的协助。我们不应只想着刺激农业发展，只顾引进和当地生态系统迥异的外来品种，这样的尝试注定失败，甚至可能给当地造成更严重的伤害。

再回到会议桌前。当与会者听到我提出“享乐”这个词时，我可以从他们脸上的神情，甚至自己同事脸上的表情发现，他们证实了各自的想法，认为我是个享乐主义者，是个喜欢大吃大喝的人。不过，好在他们也是一群很聪明且思想开放的人。在最初的反应之后，他们很快便以一种感兴趣的态度，热烈地讨论起这个主题。其中凡达娜·席娃的说法值得一提，她说美食对于维护传统蔬菜品种很重要（也是在这一机缘下，我跟她建立了良好的友谊及合作关系）。她一手创立了印度科学、技术与生态研究基金会并担任董事，也是一位非常重要的生物多样性运动的倡导者。

她认为，如果没有事先教导农民如何使用和烹煮传统植物，那么劝导他们保存或重新引进传统植物种子是没有意义的。即使是在此前的开场白中口吐莲花的戈德史密斯，也带着他那富有感染力的笑容，承认他之前从未想过这样的问题。几次相关会议之后，《食物未来宣言》慢慢成形，并于2003年7月在托斯卡纳的圣罗索雷地区举行的会议中宣读。导论以下面几句话收尾：

> 几个世纪以来，当地的传统、丰富的文化和丰收的狂欢庆典早已荡然无存。由于小规模的社区生产转变为大规模出口导向的单一生产，人们直接感受食物成长的体验和通过双手分享收成的喜悦减少了。

我把这段内容视为一个小小的胜利，因为它提到了享乐的权利。起初大家对我的立场抱持怀疑，现在大家达成共识，想写出能够引起全世界注意的宣言。食物未来委员会的成员在各自的领域通过各种活动共同朝这一目标迈进，成员们也更加深信：如果想拯救食物的未来，现在正是时候。像我这样的美食家也是这个计划的一部分。

[日记7] 享乐与健康

2001年秋天，我的肝脏出了问题。我花了不少时间待在医院，治疗虽然有效，过程却是冗长又烦琐。但好处是，这样的机缘也给了我第一手的体验，让我更了解自己长期以来坚定的信念。这令人不悦的疾病，让我有机会通过美食家的眼睛，看到我们与不健康且会导致疾病的烹饪方法之间复杂的关系。生病之后，我被迫采用“斯巴达式”的纪律严明的饮食，并且戒酒。这改变了我跟食物的关系，我变得更为敏锐，甚至发现可以把品酒的知识运用到其他产品身上。比如，我发现了茶的香气及味道的多样性与复杂性，就像开启了一个全新的世界；我了解了不同种类的水果及蔬菜之间的差别；在麦子变成面食之前，我了解它们的种类，以及不同种类麦子所需要的培育方式。

简言之，我变得更为敏锐，更能体会并且感受细微的差异。我把过去那段过度享受美食，以致忽略了品尝真义的生活抛在脑后。经历这次大病后，我知道每种经验都有其存在的价值，即使是医院里面的伙食，也让我受益匪浅。于是我开始尝试为医院的中央厨房写评论，我采用与餐厅相同的评论标准，写下了严格的评论（当然，这对医院来说绝对是太严格了）。我进一步意识到，人与食物之间的关系必须适度，且不该令人觉得羞愧。有一点我始终不太清楚：为何凡是人们被迫居留的地方，例如监狱、医院或其他类似地方，伙食都不被重视？为何这些地方的食物，都是没味道、非当地生产、不符时令、不新鲜且不天然的食物呢?

那次的经验让我意识到，好的食物可以起到很好的食疗作用，可以帮助我们缓解生理及心理上的痛苦。于是，我开始劝说我的医生探讨快乐跟健康之间的关系，这个领域不曾有人以科学的方法进行研究，甚至连营养师也没有想过，医药专业人员更是完全没想到还有这种可能性。这些人当中有一些非常聪明的人，对于我的理论，能给予有建设性的回应，真是令我感到欣慰。

食物在任何文化中皆具医疗的功效——即使是最原始的文化，只是这种功效不知不觉会退化。现代科学以营养学的方式依据营养价值对食物加以区分，却不考虑食物整体会给人们带来什么好处。因此，美食家也应该思考医学方面的好处。当然我们更希望专业的医生也能这样做，提高美食家素养。我相信这会带来有趣的新疗法，产生连科学家都认为是奇迹的效果。

立足当下的思考

食物与健康

我认为，当我们开始深入而整体地去看待美食学的理念时，与它紧密关联的是整体的品质的概念，这时医学的世界与美食学的世界就有了交集。若是不强调这样的和解并非只源于积极的动因，那我就只能触及这个话题的一小部分。实际上，促使我们不得不将它们放在一起去考虑的，反而是和上述描述完全背离的种种缘由，如通过越来越精准、越来越令人心寒的数据让公众了解到：很多疾病不仅是由我们的饮食方式，也是由食物生产和加工的方式所引发的。一方面，很多所谓的富贵病——从糖尿病到高血压，从肥胖症到心血管堵塞，受其折磨的往往是那些来自“先进”国家的人；另一方面，农业中广泛使用的复合肥正为我们带来一张越来越长的肿瘤疾病清单。倘若不久之前，最根本的事情是教育消费者从基础开始认识食物与健康的关系，是给公众提供正确的信息，那么在当下，无法回避且刻不容缓的事情就是建立起一套保护环境与健康的食品方针。我们不仅需要提高认识，还需要健全的法律法规来保护自己。

新美食学的定义

美食学是关于一个人吃东西时所有合乎逻辑的知识，它让做选择变得容易，因为它让我们了解何谓品质。

美食学能让我们体验接受教育的快乐，并能快乐地学习。当人们吃东西时，也就产生了一种文化。美食学就是一种文化，它既是有形的，也是无形的。

选择是人类的权利，美食学关乎选择的自由，追求快乐是每个人的权利，每个人也必须尽可能地尽到义务。美食学具有创造性而非破坏性。美食学就是教育。

美食学与下列领域有关：

- 植物学、遗传学及其他自然科学：只有先将各式食物进行分类，才可能保存它们。
- 物理学及化学：挑选最好的产品，并研究如何加工。
- 农业、畜牧业及作物学：选择最好的产品，研究如何烹饪。
- 生态学：人类在生产、分配及消耗食物时，干扰并改变了自然环境，以便符合自身的利益。
- 人类学：它对人类历史及文化认同的研究做出了贡献。
- 社会学：可借由社会学的研究方法，分析人类的社会行为。

- 地缘政治学：人们彼此结盟，在某种程度上会产生冲突，超出其应有的权利，过度剥削地球资源。
- 政治经济学：地球提供了资源，而国与国之间则负责确定物资交换的方式。
- 贸易：追求以最低的价格购买商品，再以最高价格出售商品。
- 科技、工业及人的知识：寻求低廉的新方法来加工、保存食物。
- 烹饪：这是一门关于准备食物的艺术，并能让食物尝起来令人愉快。
- 生理学：培养感知能力，可以让我们了解何谓好的食物。
- 医药：研究如何才能吃得最健康。
- 认识论：通过必要的科学方法重新思考，分析食物从产地到餐桌的中间流程；反之亦然，它也能帮助我们解释全球化的真实状况，并帮助我们做出选择。

美食学让我们有机会过最好的生活，使用既有的资源，并刺激我们改善生存状况。

美食学是一门研究幸福的科学。借由全球共通且最直接的“语言”——食物，借由人类自我认同，美食学展现出和平外交最有力的一面。

植物学、自然科学及遗传学：生物多样性及其种子

任何有幸看到巴托洛梅奥·宾比为科西莫·德·美第奇奢华的文艺复兴时代花园所创作的大型油画的人，或是看到乔吉奥·伽列西欧极为罕见、硕果仅存的170幅描绘意大利植物的大作的人，将会在画中发现许多现在已经消失或是被遗忘的生物踪迹。

伽列西欧1772年出生于意大利菲纳利古雷，1839年于佛罗伦萨过世。他是一位具有多重身份的人：他是农夫、治安官、议会代表、公职人员，同时也是位外交官。人们对他最津津乐道的，莫过于他对蔬菜研究领域的贡献，特别是把欧洲其他地方很普及的科学，如植物学、果树栽培学等引进意大利。

他出版《意大利的果树栽培》是前无古人的壮举。伽列西欧花了25年的时间，从南到北游遍整个亚平宁半岛，把当时看到的主要水果都记录下来，加以描绘并予以分类。他把研究结果写成了41册书，当中有超过160幅美丽、精细、栩栩如生的彩色插图。

他的努力让我们了解到19世纪初期意大利水果的全貌，对从事保育及改良水果生长基因的学者而言，这部作品贡献良多。他对意大利生物多样性也有贡献：他在书中描述了不同物种的历史，让我们知道现在遗失了哪些物种，以及这些损失是如何轻易就发生了。

现在也应该如此，我们急需把各类水果及蔬菜资料编纂成册。

人类在工业化基础上提高农业生产力的强烈想法引发物种竞争，但这不是“天择”，而是借由混种，甚至使用基因改良方式，创造出适应新时代生产流程的物种，是“人择”。像阿斯蒂方形甜椒、拉丁美洲的许多玉米品种都让位给杂交品种或其他产量更高的品种。千年生态评估报告中提到，地球上物种正快速减少，原因之一就是现代农耕技术的改变。

《致命的收获》一书结集了工业化农业相关的研究报告，提供了美国生物物种消失的参考数据。80.6%的番茄品种在1903—1992年消失，同时期92.8%的莴苣品种消失，86.2%的苹果、90.8%的饲料用玉米、96.1%的甜玉米也绝种。在5 000多个马铃薯品种中，美国只栽培4种作为商业使用；豆子的情形也一样，光是2个品种，就占美国90%的豆子总产量，而6种玉米就占了71%的玉米总产量。

大型跨国企业靠贩卖种子牟利，他们不计代价，想把新开发的种子推广到市场上。早期物竞天择的传统方法——把丰收后看似最有生长希望的庄稼种子留下来，任它们自由生长，现在几乎已经看不到了，只有在一些还在采用落伍耕种方法的地方还可以看到。农场使用的现代农作物种子，是从专门培育高生产力、高收成的种子公司那里购买的。这类公司不计代价，并以产量为目标，使用自己制造的除草剂，现在甚至还发展出基因改造作物。这种不自然的人为革命，只顾追求商业利益。这种做法，使得大自然经过12 000年物竞天择留下的品种，在短短50年内就被摧毁了。

这样荒谬的种子贸易全世界都存在。加拿大萨斯喀彻温省的农夫波西·史威斯特过去10年一直在跟跨国企业孟山都（Monsanto）打冗长又磨人的官司。该企业控告他非法使用该公司的转基因种子，控告他侵害专利权，但波西却坚称他农地上的作物是被隔壁邻居的作物种子改变了。

这只是一个小小例子罢了！另一个例子发生在印度的卡纳塔克邦，据统计，当地一年内竟然约有600名农夫因为无力购买种子及化学肥料而自杀（全印度则超过1 000人）。再以墨西哥为例，它原本是玉米物种多样化的摇篮，但现在也遭到破坏，到处都可以看到可口可乐的大型广告和销售种子的跨国企业的广告牌，上面还写着“神奇的玉米品种”。事实上，墨西哥原本是多种玉米的发源地，而现在这里还要替玉米打广告，这真是非常奇怪的事。

很明显，这类种子贸易是大型跨国企业为了控制市场而刻意为之的！撇开道德、健康或是生态考量，基因改造可以说是商业策略中最狡诈、最有力的武器，其目的是要从头到尾控制整个生产流程，所以要从生命最原始的形式开始，也就是从“种子”做起。

从美食学的角度来看，自然科学及遗传学是相当重要的。借由种子银行，以及物种研究和资料编纂，我们必须把只注重生产力的趋势导向正确的方向。这些资料库的建立以及相关研究，绝对是食物未来的希望所在。加强这方面的研究，捍卫并促进生物多样性或传统农业基因技术（比如把最好的种子放在旁边，每年都使用它们）是当务之急。既然追求利益的私人企业不太可能承担起这种大任，那么资助研究的官方就必须迈出第一步，积极推动共同研究计划，和农民合作，尝试现代科学与传统知识相结合的新方法。这类计划在法国已经实施，同时也产生了有趣的结果，仔细探讨这些研究将会获益良多。如果可能的话，我们也应该在其他地区复制这个模式，尤其是发展中国家，他们的传统知识根深蒂固，然而现在却濒临绝迹。

物理及化学：创造风味的技巧

人类与动物之间最大的不同，在于人类懂得用火烹煮食物，其他动物只是单纯地把存在于大自然中的东西直接当作食物。发现如何使用火（以及其他准备食物的方法），让食物成为文化进程当中的第一步。

火对于原料的影响是物理及化学上的首要问题。原料要事先经过处理才能食用、保存和运输，并尽可能让吃的人感到快乐。火能煮熟食物，烟能熏制食物，火产生高温，也能消毒。经过几个世纪的摸索，控制火的方法终于通过简单的烹饪展现出来，同时科学技术的进步也催生出一些新发明。

工业化一开始，对于那些在工厂工作、没有时间煮饭的人而言，他们的营养需求改变了（当时的工作时间更长，很难想象我们现在竟然还抱怨没有时间煮饭）。工业化带动食品工业的发展，人们过度依赖由化学原料生产出的即食食物。人们的新需求和食品科技的新发现，让食品工业不断地扩张，但后来化学原料的使用越来越随意，导致食品安全丑闻频发，甚至新疾病也不断产生。人们的饮食缺乏营养价值，口味也变得单调。

食品工业使用化学原料的黄金时代是 19 世纪后半叶，那段时间许多发明如雨后春笋般出现。朱利亚斯·美极发明了干燥汤包和汤块；尤斯图斯·冯·李比希男爵发明了肉汁（他同时也是化肥的发明人）；伊波利特·米格·穆列斯发明了食用氢化植物油：卡尔·克诺尔发明了速食汤的调味品；鲁道夫·欧特克发明了酵母；威尔海姆·哈尔曼发明了香草醛；弗朗西斯科·奇里奥则在意大利研究食物保存方法，并发现了如何防腐。同时期的发明还有可口可乐、口香糖、菠萝罐头。姑且不论这些发明先锋是否知道他们自己的发明多有革命性，但他们确实推动了工业化食品生产的浪潮，也预言了后来农业技术工业化的趋势。

至于现代食品，相信大家都很清楚，我想也不必再多做介绍了。现代的新发明更是撼动了所有种类的食物，甚至先进到可以重现传统菜肴，包括世界各地饮食文化的特色（至少卖家是这么宣称的）。在超市里，你可以买到冷冻墨西哥酱比萨，或是只要放到平底锅里加热就可以吃的墨西哥特色菜、西班牙什锦饭、来自世界各地的汤包，还有其他的发明，像是巧克力点心、薯片、加工过的奶酪切片等。这些发明是食品工业的缩影，包装上色彩抢眼的商标甚至比里面的东西更重要，产品本身不论是在视觉、嗅觉还是味觉上，都和食材本身天然的样子没有任何相似之处。

尽管这些发明最初只是为了满足那些在工厂工作的家庭的实际需求，但事实上，最后结果却完全颠覆了食物处理的规则。更多新的食物处理方法被发明出来，例如脱水、冷冻干燥、急速冷冻等，这些都是非自然的方式。而为了平衡这些非自然的食物处理方式，相应地，也必须发明额外的方式，以便让食物原料到最后还能有一些跟它们原始模样相似的地方，能让我们回想其原始味道。事实上，大自然里没有一种东西像快餐店供应的鸡块，我更无法把鸡块跟家禽联想在一起，它们的外观形状完全是人造的，尝起来根本不像是鸡肉。这些肉来源于大批量生产的农产品加工厂，加工方式是一系列的生产线，从绞肉、消毒，到勾芡、加入乳化剂和稳定剂，最后冷冻起来。这些生产线也是添加化学原料的地方，人们可以从无到有地“再造”食物，创造出口味、香气，甚至鸡肉的假纹理。这些人工及所谓天然食品，其成分中的添加剂非常多。埃里克·施洛瑟在他的《快餐帝国》一书中曾有这样一段描述：

> 国际香精香料公司的工厂位于美国代顿市附近。在这栋灰色的大型建筑物里，充满着现代化气息……一走进工厂，马上就可以闻到走廊里弥漫着各式香气……实验室的桌子和架子上摆放着数以百计的小玻璃瓶……小小的白色标签上面写着一长串的化学名称，对我来说就像是拉丁文，发音都很奇怪。他们把不同的化学物质混合在一起，然后生成新物质，

就像是魔药一样……国际香精香料公司里还有零食与薄荷实验室，这个实验室负责处理薯片、玉米片、面包、饼干、早餐麦片及宠物食品的味道；另外还有一个实验室，负责冰激凌、饼干、糖果、牙膏、漱口水等的味道……这家公司是世界上最大的香料公司，美国销售排名前10位的香水之中，6种是这家公司发明的，包括雅诗兰黛的美丽香水、倩碧的快乐香水、兰蔻的璀璨香水、卡尔文·克莱恩的永恒香水……所有这些香味都是通过相同的程序，人为操控多变的化学物质制造出来的。

人类能成功地从产品中分离出味道，也能够随意地把这些味道组合起来。在食物生产的工业化模式下，生产食品的过程对原料及其原始特性丝毫没有尊重。由于人们可以随意在实验室里重制与食品相同的外观及口味，因此食物的成分表变得更加难以理解。冰激凌的成分表就是一个例子，上面写着乙酸庚酯、乙酸檀香酯、苯丙醇、正戊酸、二甲基苯乙基原醇、苯甲酸盐、乙酸香叶酯、异丁酸甲酯、丙酸丁酯、丙酸庚酯等。

这些化合物常常隐藏在天然或人工香料名称的后面。称它们为“天然”，并不是说它们真的是天然的产物，只能代表它们是从天然物品中取得的。至于取得之后，它们如何被萃取、使用，对人体健康是否有害等问题，似乎并不重要。就法律的角度而言，它们仍然是天然的。但就像施洛瑟所说，即使人造的杏仁味（苯甲醛）是从天然食材提取的，但它处理后仍含有微量的氢酸，而氢酸是致命的，食用过量会致命。

对人工甜味剂及化学产品的研究，让我们渐渐了解了这个模糊的领域。吃下这些人工产品，如果当中含有毒素，纵使微量，但一生中慢慢累积下来，也足以让我们濒临另一种未经研究的风险。有一种说法认为，它们增加了过敏源或是毒性（虽然这毒性并不致命）；也有研究认为，人们在不知不觉中大量食用这些产品好几年，风险真是很高，许多物质到后来才被证实致癌（例如“苏丹红一号”，它是一种使用于食品中的人造化学色素）。当然，这些化合物也会慢慢地钝化我们的味觉，让我们味觉迟钝，让我们以为天然食品是没有风味的。事实上，这些人工食品把所有的味道同一化，因此剥夺了我们体会大自然各种丰富的味道、满足我们味蕾的权利。从文化层面来说，食品添加剂把食物的味道变成一种营销手段，甚至现在还出现了所谓的“食品设计”，也就是根据市场调查的结果，构建产品的口味甚至外形。“产品设计”用工业化的方式来迎合需求，挑选最便宜、最合适的生产原料，从人们想要的味道开始，反过来设计，其他的考量则是次要的。

化学及物理是现代美食学的一部分，因为他们能协助重现原味。不可否认的是，“味道”和“原料”这两个饮食元素之间关系密切。化学和物理这两门科学虽然制造出许多让人无法理解的东西，但解铃还须系铃人，它们也能以可持续的原则，帮助我们整合工业化的食品生产，阻止生产对健康有害的物质，帮助我们揭开滥用食品设计的人的面纱，清楚解释从鸡到鸡块的过程，告诉我们食物中到底含有什么，让我们避免继续被蒙骗。

这两门科学让人类拥有了自由分解或重组食物的能力，同样地，它们也能让我们回归自然、回归原始口味、研究传统的保存加工食物的技巧，找回食物应有的尊严。我们甚至可以利用这两门科学进行改善研究，激发食物所有的潜力。这样我们就不需要为了大批量生产而扭曲传统方法，不需要从传统产地窃取方法再偷偷地注册专利，冒险以人工方法复制。

如果化学能为美食学所利用——就像食品加工业曾经神不知鬼不觉地利用化学一样，当食物的准备过程与其自然特质牢不可破地结合在一起时，化学将为我们带来健康、知识及味觉享受。

农业及生态学：生产可持续性食物的技术

过去50年间，农业的工业化水平越来越高，人们发明了许多新方法，并运用到农业生产上。杀虫剂、肥料等，都被强加到农业系统中，快速改变了原本应该有益于身体健康的食物及环境。人类对地球所造成的伤害，主要归因于现代食物生产系统，物种的减少更甚从前，并且尚在持续。

萨瓦兰把农业列为美食学的的关联学科，但后来随着工业化生产方式的传播，农业和美食学完全分开了，加深了收割、食物处理及食物消耗等不同层面之间的鸿沟。由于失去与美食之间的关联，农业只能维持和食物生产工业之间的关系，也因此才会发生一些荒谬的事情，例如现在的孩子爱吃鸡块，却可能不知道鸡长什么样子！第二次世界大战之前，人类对地球和食物的尊敬，以及这两者的关联，完全被我们现在的做法割裂了！现在只有住在乡村的人，以及搬到城市不超过两代的人，才可能知道他们桌上的食物是怎么来的。美食知识原本应该是很自然的，应该一代接一代地传承下去，但现在，古老的知识已不复存在，而且人们还把食物的生产及消耗当作两件不同的事，缺乏生产与消费之间应该要有的共同知识，而这种知识的缺乏，让大多数人不假思索就到快餐店去吃东西。

一般来说，美食家或者其他人，都应该多了解自己所吃的东西，包括食物的来源、所经历的加工过程，还有中间所牵涉的人。每个吃东西的人都要先对农业、农业变革感到好奇。温德尔·贝里是美国肯塔基州的农民、诗人及作家，他曾说过："吃是一种农业行为。"但对大多数人来说，事实并非如此。在我们不断自我伤害，让口味变少、饮食样式更加贫乏，不断付出代价的同时，我们也成为地球上非持续性农业生产方式的帮凶！

美食家应该了解农业，因为他必须知道关于食物的知识、了解维护生物多样性及相关口味的农业方式。当然，在这种持续消耗地球的情况下，他们也要具备环保意识，了解生态。我必须再强调一次：一个没有环保意识的美食家，是一个傻瓜，他会被欺骗，会让地球的美食精华消失。同样地，我们也可以说，一个生态学家若不是美食家的话，其实是个悲剧，因为他不能享受大自然及吃东西的乐趣，反而会因为吃得不正确，间接对生态造成严重的伤害。

我把农业和生态放在同一个原则下，因为我认为它们彼此不可分割，任何耕种土地或豢养牲畜的人，都是和大自然一起工作，所以不能剥削或戕害地球。同时，环境保护者必须了解，美食学是环境中和谐制造食物的一门艺术，而物种的单一化并不是可持续的，就算没有使用化学物品也是一样。如果你特别喜欢单一物种并大量生产制造该物种，相应地，你就损害了生物多样性和我们的环境。你若大量种植你选择的单一物种，势必会影响其他物种的生存空间或环境。同样地，如果我们把新物种放到一个不属于它们原始生长环境的地方，即便采用有机方式，对那个新地方而言，它仍是异种，有可能造成严重的伤害。有一点很重要，那就是耕种的人绝不能忘记品尝味道。如果一个产品不好，即使它是有机的，那也没有任何意义；如果产品不好，且对于当地文化而言是外来的，虽然它有可能在紧急状况下暂时发挥作用，却不可能永远解决饥荒问题或是一些特定污染问题。

因此，我们必须视农业及生态学为一个整体，让它们与美食学结合，这才是可持续生产食物的唯一方式。两者可以形成一个广泛的行为准则，去控制及调整复杂的食物系统。事实上，我们讨论的是早已存在的科学，是迈向可持续未来的真正方法，那就是农业生态学。

农业生态学是一门新的科学，一些学校已经开设了这门课程。

基本上，这门学科理论预设生态系统具备自我调节的能力。种植作物及豢养牲畜，我们必须小心操控环境，尊重当地生物多样性、传统文化，以及大自然的规律。米格尔·阿尔迪耶里是美国加州大学伯克利分校的农业生态学教授，在一次访谈中他对这个主题下了很好的定义——

在伯克利分校，农业生态学是一门深受传统农业科学影响的科学。我们认同这些传统知识，认为它跟其他科学应处于同等地位。农业生态学在传统知识与西方科学之间，寻找不同领域间对话的共同基础，赋予它们同等的地位。这并非以科学方法证明传统知识真实性的问题，而是把不同的想法、观念结合起来，在一些特殊案例上使用。

举例来说，在许多地方，农夫分辨土壤的方法是把土放到嘴里，他们亲自品尝土壤的味道；而科学的方法则是通过测试土壤的pH值（酸碱度）来分类。两种方法都应该采纳，但是我们不能先入为主地认为科学方法优于传统方法，不能把科学方法当作验证农夫分类是否正确的方式，而应该在两者之间寻找折中的方法。

农业生态学的指导原则是，我们并非要寻找对每个人有效的单一解决公式，而是要鼓励人们，让他们在面对特殊或不同情况时，选择最适合当时情况的技术，而非强加一种方法于所有事物上。在这些指导原则中，有一项是多元性，它假设会有许多不同的农业形式，例如农林业系统、单一文化或作物轮耕。我再说一次，最重要的并不是个别技术，而是大原则。这里所谓的原则，就是指生物多样性能够促进这个系统自我调节、自主运行。例如营养循环、病虫害和疾病控制，不需要人为的干涉。

农业和生态学都与美食学关联，借由观察味道、尊重环境以及生物多样性等方法，它们让我们了解食物从何而来、如何用最好的方法生产。它们是极为有效的知识，融合了传统与现代，如果我们想以可持续经营的方式达成最大的生产量，两者一定要密切结合。美食学了解其本身所受的限制，所以它试着了解农业与生态，并与其沟通。它能在地球上最具威胁的地区找出天然的方法，促进当地发展，却不会伤害环境，它同时也能找出修正目前工业化农业问题的好方法。

人类学及社会学：认同与交流

饮食这一领域是从属文化，非常适合文化与特性的研究。

人类学作为研究文化的科学，发现饮食文化最能代表社会及社会表象，是诠释社会特性最好的角度。这类研究的代表有克洛德·列维–斯特劳斯的《生食与熟食》，以及马文·哈里思的《好吃的东西：食物与文化之谜》。同样地，研究美食学如果没有采用人类学的观点，将会忽略食物的深奥所指，忽略日常饮食是一个不断发展的连续体，只把它视为一组固定的规则，忽视了文化认同的内涵。

社会学研究的是人和团体的社会生活，以及社会现象（比如不同社会与文化之间的认同、交流问题，认同是如何形成的，以及从美食学的观点来说不同的社会展现什么样的饮食）。因此它能为美食学提供大量有用的数据资料及分析工具，而它本身也能以美食为基础进行研究。

人类学和社会学让我们了解了人类做选择时的复杂程度。以历史的观点而言，研究人类社会彼此的交流或社会冲突等，可以协助定义美食学及食物系统，帮助我们了解社会现状。借由预测未来趋势，帮助我们寻找可能的方法，修正地球系统的失衡状态。

人类学和社会学让我们了解了人类为求生存、适应环境与周遭环境和谐共存的方法。鉴于现今世上发生的事情，这两门学科让我们重新评估传统知识及技能。克洛德·列维–斯特劳斯采用有别于前人的方法，记录了大量没受过教育者的经验性知识，想显示这些思考并不只是碰运气，也不缺乏理性。为了完成这些研究，他运用了相当多的美食学知识。

在过去文盲众多的时代，人们的宇宙观虽然缺乏科学根据，却能借由持续不断的实证观察，了解高深的宇宙定律。举例来说，2000 年前，早在哥白尼提出日心说相关理论之前，萨米人（Sami）就相信地球是绕着太阳转的。从前的人只需一些简单的发明或设计，就可以避免饥荒，或至少让粮食短缺不至于造成太大的问题。人类学和民族学涉及传统知识研究，因为它们需要记录这些传统知识，所以常常成为寻找已经遗失的知识及技术的来源。

人类学和社会学也能告诉我们为什么有些人特别喜欢某些食物，并提醒我们一些早已被人类遗忘的基本定律。

> 即便是杂食动物，也不会什么都吃。有些食物根本不值得费心制造或准备，有些食物有比较便宜或更有营养的替代品，而为了某些食物，我们可能必须放弃其他更有益处的食物。营养成本和益处之间有着基本的平衡，通常人们喜欢吃的食物，会比人们不喜欢吃的那些食物含有更多的热量、蛋白质、维生素或矿物质等营养成分。但也可能是出于其他成本效益的考量，我们想食用某种食物，而不考虑食物的营养价值。有些食物具有很高的营养价值，却因为需要花很多时间烹饪，使得人们不想食用；或者，某种食物因为会对土壤、动物、植物或环境造成不良影响，而被放弃。

一个简单的、不要对环境造成不良影响的想法，就能警示我们不要伤害地球，让我们知道：人类目前付出的代价，已经远远超过所能得到的好处了。

人类学及社会学是互相依赖的，也是美食学的相关领域。从这两种学问中加深了解食物系统、营养学的历史，以及特定文化传承下来的食物生产加工知识。

地缘政治学、政治经济学及贸易：全球化

我们从未像现在这么清楚地了解到，地缘政治学、政治经济学及贸易必须是完整美食学的一部分。在全球化时代，交流与贸易到处都在进行，复杂程度也日益增加，连日常饮食也深受影响。更甚之，贸易似乎成为新上帝。过去人们因为地缘关系或在权衡了经济因素之后食用某种食物，现在食物选择全部被市场新规则所取代。传统的烹饪模式已濒临消失，由于工业化及全球化的发展，现在盛行的是消费主义，大家抢着要和农业世界早日脱离关系。

人类历史可以借由饮食口味的地缘历史重新建构，由一般的烹饪模式主导，以此区分出地球上各个地区的特色。这些烹饪模式是当地资源的使用，是不同文化的结合或冲击，或是战争、殖民所造成的结果。事实上，几乎所有战争的背后，或多或少都是想取得肥沃的土地，以此作为国家富足的象征。例如有些人认为，以色列与巴勒斯坦之间的冲突其实并非全是宗教因素，而是要追溯到 1967 年——双方在那片极为干旱的土地上为了争夺水源地，发动了战争。

现今许多战争也是出于商业考量，大型跨国食品公司在农业商业化的过程中，扮演了过去应该由国家扮演的角色。若是反全球化活动发展，跟农业及营养议题牵扯一起，我也不会感到意外。1999 年 WTO（世界贸易组织）开会期间，西雅图举行的抗

议活动，在一定程度上引起了大家的注意。事实上，世界上有超过一半的人依靠农业为生，所以对仍以农业为主的贫穷国家而言，全球贸易带给他们很大的压力。销售种子的大型跨国企业造成的文化干扰更为强烈，破坏力更强，在积极的商业策略的推波助澜下，地球严重失衡。有钱的西方世界制造出过量的产品后，再以高价卖出；为了防止这些贫穷国家跟他们竞争，西方世界创造了无法逾越的商业藩篱，以掩饰这些人造商品的高价。西方世界对量产农作物给予财政援助，更让贫穷国家不得不屈服，也加快了地球走向毁灭的速度。这些援助让西方世界使用工业化耕作方式的农民能够以较低的成本生产作物，可以轻易击败贫穷国家的农民。

这么多年来，上述状况所造成的影响就是：没有理由资助品质不佳的生产。尽管大家早就知道，这不是一种可持续的方式，但贫穷国家也被迫追求相同却不实际的“进步、发展”，进而对生物多样性及传统文化造成巨大的伤害。但大家仍继续维护这种工业化农业的模式，想维持最低成本，完全不考虑产品的好坏。贫穷落后国家像是专收垃圾的牺牲者，它们必须接受富有国家的多余产品，也就是接受所谓的补贴——当然表面上常常以人道救援的方式在进行。这样的方式破坏了当地的农业生产，非洲许多饥荒地区原本能有机会生产当地特有的粮食或推广当地农业，但在所谓“进步、发展”的排挤下，这种可能性逐渐消失。而现在能推广的就只剩下对有钱的西方世界不切实际的依赖，也就是接受大量的援助。美国援助他们那些卖不掉的食品，例如小麦、玉米，或其他无法种植的谷物，相信大家可以看清所谓的人道救援，其背后的意图再明显不过了。另一方面，非洲一些国家已经开始拒绝这类援助，这样的举动也明确了这些援助无用，只会对当地的农耕环境造成伤害。

凡事以商业考量为优先，主宰了人类的行为，许多不正义的事情在全球不断发生。美食家要想借由自己的选择去推动社会公平，就必须对生态问题有敏感度，要关心这类议题。如之前所提到的，这套系统在过去已经对地球造成伤害，而现在还在持续不断地伤害着，所以我们一定要拒绝这样的全球系统。

地缘政治学、政治经济学除了为我们提供研究食物的味道及文化如何形成的工具之外，它们也能解释构成现今世界的复杂动力，同时将所有不公平、冲突和吊诡的地方找出来。以贸易为例，萨瓦兰将其定义为“寻找以最好价格收购的可能性，并以最高价出售”。贸易是让两种不同文化交流的主要原因，现今更已成为主宰世界的工具之一。若从全球化的角度而言，我该称之为制造冲突的武器。这些与食物世界相关的研究就是美食学的一部分，而对这个工具的了解，能为我们提供定义生产和商业模式可持续的基础。

科技、工业化、技能或生产的方法

传统文化发明了不同的食物处理及保存方法，人们在有限条件下做最好的处理。因此很显然，食物的生产方法一定是美食学的主题之一。不过，事实上我们应该再次强调过去50年间发生的事情，也就是传统烹饪及工业生产二元论兴起的过程。

烹饪技巧逐渐从家里、从知识库里消失，这些经过好几个世纪验证出来的知识，只有一些厨师才知道。工业化让这些古老的知识转变为越来越集中的生产方式，而生产食物的工作也交由可以从事大量生产、使用最新最复杂技术的人员来处理。这些技术让传统的烹饪技巧消失，而人们在家里却不能使用那些新发明的方法，最好的例子就是人工甜味剂的使用。这种知识的转移剥夺了我们学习这些技能及技术的权利，让工业化的食品科技凌驾于传统方式之上，迫使人们逐渐摒弃传统，而原因竟是这些传统知识属于日常文化知识的一部分，所以就被视为没有科学价值，因而即将消失殆尽。这一切竟然是因为我们让别人帮我们准备食物而发生的！对现代许多人来说，烹饪只不过是把熟食或冷冻食品加热罢了！

如果我们将美食学与食品科学的学术地位进行比较，就可以了解为何食品科学占优势：后者在学校传授，学生选修是因为希望能获得专业知识，将来可以让他们在食品公司有所发展。在大学里，美食从不具有代表性，只以一些民俗化的形式出现，最多被当作人类学或民族学的研究主题之一；而食品科学却被夸大成非常厉害的专业，在世界各地的大学里开设课程。

事实上，那些每天准备日常食物的准则、如何进行食品加工的传统知识，都是宝贵的知识遗产。在食品工业的标准化模式尚未完全占优势之前，这些传统知识原本在农耕社会里占有重要地位。现在，许多相关、必需的工具和手工技巧虽然在使用了几个世纪后消失了，却在许多例子中被发现其实是无法被现代科技取代的。许多伟大的主厨也承认这一点，但这可能要冒风险，被只做表面功夫的人指责过度注重琐事，也等于宣称自己无法做一些看似极为简单的厨房工作——由此也可见传统知识的重要性。

富乐维欧·皮耶朗杰李尼是烹饪技巧高明的大师，他在意大利圣温琴佐的维西利亚开了一家餐厅。他曾经对我说，他很注重处理食物原料的细节，因为正是通过简单操作食材的人和食材本身的连接，才能看出一个人对食材的敬意，以及他是否能挖掘出食材本身的特色。他说曾经请过一位年轻助理，尽管这位年轻助理曾在几家知名餐厅工作过，但经过几次测试后，他仍然把这位助理开除了。原因是这位助理在切鱼时不肯使用他教的方式，也不知道是贪图方便还是做不到，助理坚持使用不同于皮耶朗杰李尼教他的角度来握刀。在几次训斥无效后，皮耶朗杰李尼开除了助理。最让他生气的是，年轻助理还为自己拙劣的技巧辩护：不过就是切鱼，哪有什么差别?

如果我们问专门做生鱼片的大厨皮耶朗杰李尼和年轻助理两个人谁对谁错，得到的回答一定很有趣。一位专做生鱼片的大厨，除非有许多年的经验，否则不敢在客人面前切鱼。或许我们应该自己在家里做生鱼片，观察一下自己不纯熟的刀法对最后的成品有何影响，这样就比较容易了解不同刀法的差别了。

通常，这方面的知识看似专属于女性，因为她们是最常待在厨房里的人。皮耶朗杰李尼告诉我，在他的厨房里，有资格做清洗蔬菜工作的人只有女性，因为女性和男性的动作完全不同，我们称之为优雅或技巧都可以。事实上，皮耶朗杰李尼全心全意地照顾他的资深女助理，他还以一种沮丧的语调告诉我其中一位即将退休。他担心再也没有人能像她那样处理厨房里的蔬菜了，她机械般的动作优雅又精确，只有在一个非常敏锐的人身上才可能有这样的动作。

虽然类似的动作、人工技巧等没有办法写出来，但这些技能必须保存下来，我们必须在这方面投注研究资源，至少可以在这些知识宝藏完全消失前先记录下来。这是目前最有必要、最急迫的工作，我们要动用所有可能的方法（例如照相机、电脑），把这些宝贵的手工技巧及传统储存起来，建立一个“技巧知识库”之类的系统。

由此可见，食物制作的技巧是美食学的一部分，它值得我们再三强调。现代美食学必须关心最古老形态的知识。我大胆地将其放在“技能”这个门类下，包括实用的及手工的技巧、科学的方法。我们首先要以保存这些知识为目标，其次要用实际烹饪的方式，在现有的这种非可持续的模式下，找回或重制有效的替代方案；在正统科学和传统知识两个不同的领域中，找到共同主体作为农业生态学理论的基础；我们应该研究所有的方法，并在学术上给予它们相同的尊重。唯有这样，我们才能抛开对人类有害的生产方法，保留那些原本是好的且能教我们许多知识的方法。

立足当下的思考

记忆的谷仓

2004 年，美食科技大学刚刚在意大利波冷佐小镇建立，该校校长皮埃尔卡罗·格里马尔蒂协调和策划了“记忆的谷仓”计划，在网上建立一个档案库，库里存放可供现在和未来持续观看的一些采访视频。采访的对象往往是（但并不全是）上了年纪的人，往往是（但并不全是）农业生产世界里的人。观看和聆听他们讲述的故事，学到的是关乎生命的课程——历史、美食学、诗歌、文学……就像我在书中的其他部分提到的，几十年前的那些传统知识或者个人经历，不常见也不易见，缺乏一个传播的媒介。落于纸上的文字并不适宜记录，一来故事的主角并不是传媒领域人士，二来终究有些词不达意，无法尽兴。一位 90 多岁的老人，用夹杂着方言的意大利语和其他语言讲述着他的一生。他参过军，当过游击队队员，移民国外时换过多个工作，后来回意大利当了一名工人。老人举手投足之间流露出的岁月痕迹，是文字难以表达的。因此，能够完全不考虑经济效益，而取得如此直接而行之有效的结果，这不是很好吗？感谢同学们为项目进行所贡献的心力，如今，“记忆的谷仓”已经收录了大约 1 000 个故事，全都以超文本的形式归档在案，对想要了解和保护这个世界的传统知识和口述经验的人们而言，简直是无价之宝。

烹饪和厨房：在家里和在餐厅里

烹饪是指烹煮、准备及保存食物。有些人用语言来比喻烹饪，它有文字（产品及原料），像文法组合成句子一样（食谱），有句法（菜单），有修辞学（餐桌礼仪和行为）。就像语言一样，烹饪也包含并表达一个人的文化涵养，它是一个群体的传统及自我认知所在，它比语言更能作为沟通的桥梁，吃别人的食物要比说别人的语言更直接、容易，所以烹饪是文化交流及融合的最好方式。

由于过去烹饪的历史都写在贵族的食谱中，所以造成了美食只属于上层阶级，或是社会底层人士只是为了糊口而吃东西的错误认知。事实上，他们都是美食的奉行者。上层阶级的食物其实来自于普通大众、农夫或较低阶层人士欢迎的食物。总之，上层阶级把他们的烹饪内容编纂成册。1789 年法国大革命后，厨师们离开宫廷，餐厅因此诞生。过去的宫廷主厨，成为拥有官方烹饪知识宝库的人，随着官方传统的延续，至少有两代人在家烹饪，这些烹饪方法对一般民众、当地市场及邻近的小店而言都不是秘密。但现在却发生了戏剧性的改变，即使在家里，工业化也带来了冲击，全球化带来更多的商品交流，饭店的餐饮部能处理更大的需求。这样看来，大家对于日常美食艺术被换成金钱模式还会感到意外吗？在富裕的发达国家，人们更加不常使用厨房，大家只买煮好的食物即可，无论是打包外带餐点、在快餐店用餐，还是在奢华的餐厅里享受新式的烹调方法。这不是阶级的问题，社会传统的变革已经让身处西方工业化世界的不同背景的人都远离了厨房。

即使是美食家，现在也都逐渐遗弃了厨房，我就有一个最好的例子。大厨佩雷戈里诺·阿图西在撰写他的烹饪经典大作《厨房里的科学以及吃得好的艺术》时，与助理马利耶塔花了好几年时间待在厨房里，尝试他所搜集的每一道食谱。但这位美食家最后还是变成了一位评论家、一位评审。他走到餐厅里，甚至都没到厨房里走动一下，就直接对最后的料理成品下判断，而这成品是在厨房里经过长时间复杂程序处理后的成果。我承认我本身不是一位好厨子，但我知道这些烹饪技巧的优点，知道它们应受的尊重，也知道如果我要评论一道菜，必须把这些全都考虑进去，所以我总会要求和餐厅的主厨及其团队成员碰面，也会到厨房参观一下他们工作的情况。事实上，按照现代社会的情况，我看就连厨师都需要被列入保护动物了呢！不管他们是在家里还是在餐厅工作，他们都掌握着不能被遗忘的食谱及烹饪技巧。

如果我们只考虑一般情况，我们可能会说烹饪已死，但事实上，问题只在于如何重新获得仍然存在的知识及技能，以及如何学习、维护并复制它们而已。全球化对于烹饪而言是个吊诡的大议题，过去的上层阶级追求他们买得起的任何东西，甚至可以取得那些在遥远地方生产的食物，他们吃的食物是全球化的，或至少他们希望如此。虽然一道菜在不同的地方可能会有许多不同的变化，但名称和主原料常常都是一样的，各国皆是如此。全球化在那时代表有钱阶级的奢华享受。

不过，现今的全球化有许多标准化、工业化的产品，是一般中低阶层唾手可得的，这样的所谓进步也导致我们的饮食习惯变坏，也就是大家都食用不注重美食价值而大量生产的食物。如果你想得到比较好的饮食，不论有钱没钱，都必须先从本地食物开始，让自己沉浸于非全球化的氛围下。当全球都偏好标准化的烹饪方式时，新变化也同时产生，那就是强调烹饪技巧及方法的重要性，让大家重新找回这些技巧。举例来说，配合产地特性的烹饪方式，这点在烹饪历史上来看，属于新近的发明。从文化角度来看，当世界变得越来越标准化，原生食物就越来越有吸引力和重要性。

对许多人而言，烹饪以及把厨房视为烹饪场所，成为现代社会生活方式的“解毒剂”，是保护美食及多样性的方法。

虽然有人宣称烹饪已死，但它仍是我们主要的营养来源，是人类自我认知及文化的存续证明，是许多个体重复着相同的动作，并借此沟通的一种文化。不管人们相距多远，各地方的人都重复着相同的烹饪行为，将食材混合，发明新菜式，共同分享回忆及认同感。

烹饪是美食学的心脏，它会不断地演化，唯一能威胁它的便是我们的放弃，而那对于人类文明将是极为残酷的行为，我们绝对无法承受。我们必须找回烹饪原有的尊严，使其成为科学研究的主题。美食家以及其他人都必须回到烹饪这个原点——就让我们从自己做起。即使我们没办法学到实用的烹饪技术，也至少要学到理论的重要性，了解那些无法估量的无价文化。要知道，如果没有烹饪，就不可能谈美食了。我问过主厨艾伦·杜卡斯美食的定义，他回答说：

> 美食是当你看到一样产品时，你会尊重它的原始口味，尊重那些栽种、培育或发明它的人，并使用正确的方法处理它，在正确的时间烹调，使用正确的配料。美食向每个人清楚地传达这些信息，这样我们才能感谢大自然赐予我们这些美好的东西，美食就是对产品本身的尊重。

当然，美食只能用优质的原料加上尊敬的心态才能获得。

味觉生理学与感官

味觉属于生理学的范畴。它被过分重视，被用来点缀书名、活动、电视节目及乡村游园会，它不单指某样好吃的东西，它也是人类五感中的一个，也是最重要的一个。当和其他感官一起运作时，它让我们能品尝，并能以客观或者至少以比较的态度来评价一样食品。当然，有许多因素影响着我们对何谓好吃、何谓不好吃的认知，味觉是一门可以延伸到艺术及智慧文化领域的知识。如果我们把它局限于知觉领域，移除这个词其他有趣的地方，那么味觉就可以用科学的方法来定义。以酒为例，我们已经建立了由视觉、嗅觉及味觉三种感官认知的详细判断分类，那么同样的方法也可以运用到每一种食物上，这就构成了一个稳固的科学基础。在现代，可称之为定义完整且经过科学验证的科学。

最明显但也最不科学的证据，就是我们大家都曾有过的经验。源于味觉及嗅觉的记忆，通常是人类记忆中最持久的。有些味道会带我们回到从前那段已经被遗忘的日子。以我自己为例，我还清楚地记得家里切成一片一片的面包，上面涂满Brus（布鲁斯），放在炉子上散发出的那股香气（那并不是美妙绝伦的味道，却对身为皮埃蒙特美食家的我来说是重要味道）。Brus是一种由软奶酪做成的奶油，要不时加入一点牛奶或酒去搅拌。Brus现在已经很稀少了，就像用火炉加热面包一样稀少，但当我还是个孩子的时候，我时常把它当成零食来吃，那独特的味道仍烙印在我的记忆中。我对于酸味的喜爱也是一样，在比较暖和的月份，母亲总会做一种蔬菜汤和一道腌炸鱼，两道菜都以醋为基础，它们的味道同样也在我记忆里根深蒂固，很自然地跟一些重要的或特别的人生体验联系起来。如果没有那些味觉、嗅觉的记忆，我甚至没办法形容那些体验呢！

作为人的感官之一，味觉是美食家最重要且完全依赖的工具。我要说的是，知觉是一种需要被训练、教育的能力。人类的知觉在现代面临前所未有的恶化，人工味道混淆、削弱我们的感觉，持续不断地提高我们的感知门槛，用那些根本不存在于大自然中的味道及气味轰炸我们，让我们的感官，也就是原本能够深入了解环境及自身的一个无与伦比的工具退化了。我们被迫遵循现代生活的步调、节奏，而这剥夺了我们原本品味世界的许多方法。同时，新的刺激不断以倍数增加，我们的感知度变得太有选择性，以至于发展到它只能接收特定时刻的特定感受。就如我先前提到过的，这些感官可以再教育，可以恢复正常，而这就是美食家的任务。

让我再做进一步的说明。在一个知觉已经被剥夺，且我们的视觉、触觉、味觉及嗅觉已经钝化的世界中，训练这些感官，成为一场“对抗味道被毁灭、知识被灭绝的行动”。它成为一种政治性的行为，因为一旦我们可以控制并规范管理刺激传送的机制，我们也能够控制并管理现实。我们越警觉，被认知欺骗的风险就越小；而对认知的分析越多，我们就越能感到快乐满意。这些感官认知是我们选择、保护及快乐的工具，它们带给我们在所有领域行动的新感觉。从这个角度来看，美食家是一个有幸能指引未来的人，他能辨别是非，对工业化社会的影响免疫，不受其制式化认知的影响，能做出正确的选择。

恢复我们原始的知觉，是用来对抗机器主宰的全球工业化霸权最主要、最原始的政治行动。“机械制造出假币，想让我们相信那是真的钱。实验室里面的知识不能复制生活（或它的滋味），顶多制造商品。工业化农业的产品只不过是一种机械式的幻影，是农业社会关系毁灭的错误结果，是人类与大自然之间人为交换的替代品。”

因此，人类要一辈子接受这方面的教育，要从小开始，一直学到老，而这种教育只能由美食家提供。因为在所有想要改变世界的人里面，只有美食家了解，想达到这个目的必须从味觉的改变开始。一个人必须学着寻找真正的味道，拒绝任何模仿的或人工的味道。因为那是极为荒谬的、一点一滴消除人类本能的最大敌人，我们一定要坚定地拒绝。

医疗：健康及饮食

所有社会的食物，即使是在早期的社会，总体而言都有着治疗的功能，并且存在药物作用。烹饪是结合了营养学及药理学优势的行为，它的发展早有其历史。过去人们无须任何精细的计算，就可以很自然地达到营养均衡，不像现代，要时常发布产品来推广营养学。例如在一些缺少肉类来源的社会里，人们靠着食用昆虫获取蛋白质（在中美洲及非洲部分地区，以昆虫为食物仍相当普遍）。

在实践中学习，常常是传统社会的做法，知识是一点一滴靠个人经验慢慢累积、慢慢建立的。关于特定食物具有特定治疗效果的系统（例如这次生病时吃了某种食物而对康复有帮助，那么下次如果遇到相同的症状或情况时，就会吃同样的食物以减轻症状），我可以想到许多的例子。例如巴西喜拉多地区的原住民科拉霍人，正努力捍卫一种叫作波杭沛的特殊品种玉米。据说和当地传说有关，但其实也跟玉米的药理功能有关。当地传说这种玉米是星辰女神所赐的礼物，她托梦给当地的一位男孩儿，告诉他哪里可以找到波杭沛玉米并告诉他如何栽种。这也是当地农业起源的传说。不过除了这一层面的意义之外，波杭沛玉米还可以用来熬汤，对于补充孕妇的精力很有帮助。通常在怀孕头几个星期，还有生产后的几个星期，她们都会喝这种汤。而对体质较弱的孩子而言，这也是特殊的补品。波杭沛玉米这道良药直到现在都为人称颂，而现在因为它非常稀有，所以几乎到了神圣的地步。

其实在欧洲，很多女性曾经是草药方面的药理学专家，直到宗教异端法庭视这些药理专家为女巫，许多知识才随着她们一同消失。今天我们感谢草本植物学的发展，让我们试着找回那些遗失的过去。只要想一下意大利萨莱诺的医学院，就可以了解好的饮食绝对是健康的基础。就连萨瓦兰和其他早期的美食家们也都开过相关的课程，一方面享受食物，另一方面也要让身体以最健康的方式吸收营养。

有趣的是，农业社会传统饮食及健康知识的消失速度，要比更早期以狩猎为主的社会来得更快。因为人类逐渐定居、集中生活，它便一步一步地消失了。人类的定居带来医药的发明和营养学，并在现代富裕的社会中发展到最高点，这一点可以从人类对健康饮食的痴迷中看出。另外，有饮食失调问题的人，近年来成倍数增加，主要原因似乎也是定居生活的形态，以及居于主宰地位的食品工业，这两者极大削减了饮食种类及品质。过度肥胖成了美国人的重要问题，在欧洲也有这个问题，而在儿童时期就已经超重的学童也比过去增加了许多。

在这种环境下，营养不良及过度肥胖更为普遍，烹饪看起来正消失，而营养学却正兴盛，大众似乎喜欢减肥，也都遵循着媒体设定的审美标准，想要健康均衡地饮食。尽管许多人都在研究不同营养学家推荐的不同饮食，却少有人研究这些方法在理论或实务上是否真的有效。事实上，从长远来看，各式不同的瘦身餐（低卡路里的）在面对科学严厉的检验时，都被证明无效。

然而，大众对于饮食仍然很有要求，这看来很吊诡，却是事实。在美国，人们花在营养学专家和相关产品上的钱，已经远远超过真正花在食物上的钱了。

许多发展中国家的人也都面临过度肥胖的问题，以及饮食失调问题。然而，仍然没什么人尝试不同的生活习惯或饮食，虽然在我看来，营养学是由农业及食品行业共谋的“策略”，照理说大家应该要有一些怀疑的心态，但它仍然被视为万能灵丹且备受尊崇（美食学显然缺少这样的尊崇）。

即使如此，营养学仍然必须被视为美食学的一部分，因为如果没有美食学的观点，就没办法找出营养学如何解决现代社会相关饮食问题的答案。饮食营养研究并不是完全的科学研究，而是一种支持人道原则，并能从历史学、人类学的角度重新评估传统知识，并包含对美食认知的研究。如果只把美食学当作矫正工业化农业对健康造成影响的工具，那我们将无可避免地犯下更多错误、制造更多问题。

因此，美食学在某种程度上起到了医药的作用，它有复杂的行为标准，能教给我们正确的饮食要素。它多元化、品质好、懂享受，也能维持中庸之道，它融合传统知识和现代医学，对我们有很大的益处。

认识论：选择

认识论是一种哲学，批判性地检验科学知识，借着分析科学知识的语言及方法论，建立正确的评判标准。先前提到的许多不同的美食学准则，我认为它们应该要有完全的科学地位，我也不止一次借机强调要重新找回、区分及研究传统形式的知识，并将其与正统科学做比较。

因此，认识论就成为美食学的准则之一了，或者说，美食学必须采用认识论的方法。农民的科学、农场的科学、渔民的科学、厨师的科学，都应该和其他较早形成的学科具有同样的地位。它们也是人类知识领域的一部分，也许有些人会把它们放在“消费者文化”的类别之下，但总之这些知识都是不可忽略的。的确，若进一步了解它们，不但将使我们验证看法，还能够加入评论，如果可能的话，要和其他科学产生功能性的互动。简言之，我希望加州大学伯克利分校教授阿尔迪耶里所说的“不同领域间的对话”能够真正地落实，能够让农业生态学取得成效并更加茁壮。我们必须在所有的美食学领域都这么做，从自然科学到畜牧技术及耕种，从处理原料的方法到人工处理到使用新仪器处理，从社会中各种不同类型知识的交换、接触到烹饪和医疗。

方法论有助于我们打破以前固有的偏见——把美食当作消遣活动以及当作次级科学的偏见。这种偏见让萨瓦兰不愿在他第一版的《味觉生理学》上署名，而他的行为也影响了他的追随者。

选择食物的权利是我们拥有的最有力的沟通工具。关于买什么、吃什么的决定，在这个事事都讲求利润的世界是有其影响力的。

美食家的责任是要成为博学的人，而不是单一的植物学家、物理学家、化学家、社会学家、农民、厨师或医生。他需要对这些准则有足够的了解，这样才能明白他所吃的东西；他必须具有跟食物相关的专业知识，当那些专家视他为业余者时，他不能被吓到。最好能有个小植物园之类的地方，这样就能了解一些特定的植物，知道它们如何生长、适合怎样的环境、怎么种植、怎么保存或烹调，知道它们是否有益健康，能更用心地享受。我脑海里总有一个对比非常强烈的画面：一个完美的生物技术专家，开心地吃着那些对农民及环境有害、由食品工业操控的毫无味道的食品而不自觉。

美食家必须能做选择，这是美食家最主要的“使命”。他必须做出更正确的决定，要能了解食物制造系统的复杂性。在下一章里，我会试着定义“品质”，一种我们必须接受、研究、推广并传授下去的品质。我并非要制定一些完美的规则，而是想启发读者思考吃所激发出的力量，我也希望同时不会否定或是贬低我们人类想要享乐、玩耍的天性。我会从味觉这个元素讲起，“优质”，是食物带给我们的最初也是最直接的感觉。为品质而奋斗，是我们推广优质、洁净、公平，使生产食物过程可持续的必要方法。

第 3 章

以品质为目标

“品质”这个词，跟“味道”“本地”“传统”一样，是烹饪著述里常被滥用的词。随着大家对健康饮食的自觉性提高，每个跟农产品生产有关的人，都开始要求“品质”，并且广泛地将此用作促销产品的手段。

“品质”这个词越来越流行，主要是因为陆续爆发关于食品的重大事件，像是疯牛病、鸡受戴奥辛（一类持久性污染物）污染，还有 20 世纪 80 年代后期农业和食品体系时常发生的各种不同的危机。当然，这个词被广泛地传播，要归功于或者说归咎于传统产品的成功推广。这些传统产品受到大家高度关切，比如关切成品的滋味与原创性。不过，震惊社会、让普通消费者开了眼界的，却是那些关于食品的重大事件。人们回到家中，感到恐惧及不确定；他们购买食物时，完全没有任何资料可供参考！没有任何一次推动品质的活动，像这些爆发的食品丑闻一样撼动人心。但一如往常，人们很健忘，没过多久，“品质”个词又像一根可以插在任何帽子上的羽毛一样，只不过是一个含有多种意义、可用于各种不同情况的词罢了。

20 世纪 80 年代早期，“品质”一般指以优良的生产方式，或包含有机生产特色。大家常会因为社会精英的美食观念，而把它跟高社会阶层的人联想在一起。然而，接近 20 世纪末时，那些食品安全丑闻发生之后，“品质”这个词很快大众化了，大家很快就把“品质”一词跟安全卫生联系在一起，或者和“本地”“传统”画上等号。当时人们常说“这种产品对健康无害，所以算是有品质的产品”，或者说“这是我们这里的传统产品，只有这个镇才有，所以它是有品质的产品”这样的话。

这种高度简化的观念，可以归因于技术官僚和简化论者推动的思潮。当定义品质成为非常急迫的事情时，人们会试着用可以计算或至少是可以估量的措施规范它，但其实这样只是做表面文章而已。最明显的例子是欧盟因为食品丑闻，必须制定应对措施，于是实行了极为严格的规定。这项规定称为危害分析的临界控制点（Hazard Analysis and Critical Control Point，即HACCP），其实早在 20 世纪 90 年代早期就被讨论过。

HACCP是 1959 年由美国国家航空航天局（NASA）制定出来的。当时的目的是要确保太空计划中的食物品质。欧盟在 1994 年采用HACCP作为食物生产的规范。1999 年意大利立法采用。它包含了一整套的规定和步骤，分析食物从原料到最后成品的过程中遭受污染的风险。它有非常严格的详细规定，可惜的是，只有大型的食品公司才可能投注心力与资金，遵守这套规定。对一般的小型生产商，尤其是采用传统、非商业化方法及工具生产的人而言，几乎是不可能采用这套方法的。因为HACCP有许多官僚式的繁文缛节要遵守，所以想符合这套标准，势必增加大量成本，这让标准化的食品工业生产更占优势，让有控制权的公司更有力量。所以，比较活跃的组织都持反对意见，慢食协会更是其中主要的领导者。当然，也有许多小型生产商齐力反对，这才让欧盟慢慢软化立场，同意有一定比例的豁免，让一些因为组织结构等原因而无法符合规定条件的生产商能继续经营下去。事实上，这些规定当中所谓的卫生清洁条件，只不过是配合工业化食物生产而产生的方法罢了！

这种想把食物的品质量化的做法，立刻让品质与安全画上等号，以至于产生更为复杂的计算方式，以此来定义品质。但由于过程中会遇到变数，因此这些量化的尝试最后都被迫放弃。例如，具备怎样的特色才算是好品质的奶酪呢？它必须保存良好、健康、洁净、有香气吗？要有怎样的脂肪含量、碱度、干燥度才算好呢？从味道方面来说，它似乎只有单调的味道，甚至有人会觉得闻起来不舒服，也就是说，品质实在没有办法计算，没有客观的品质。

不过，相对的品质却是存在的，我们要从相对的角度来评估品质吗？

当然不是！我们可以描述品质，也可以找出普遍的要求、条件去诠释、定义它。品质是个复杂的概念，它从美食学本身的复杂性中产生，也从许多不同因素中产生，我们必须接受它的这项特性，使它符合我们的利益。大家要能够分辨，品质主观性之所以产生，是因为它有许多复杂的角度。

我们就从品质是一种生产者及买家彼此所做的承诺开始探讨。它是双方持续不断的努力，是一种政治行为（这看来好像有点儿挑衅的意思，我稍后会解释原因），也是一种文化行为。为了不陷入相对性的僵局，品质要求人们对食物及味道有终身教育的意识，并且对地球、环境及食物生产者尊重。

也许这样，就能为我们提供一个基本标准去要求品质，或者至少可以作为一个开始，让我们在选择美食时有依据。在我们购买食物及寻找味觉的过程中，会涉及三个观念，也就是说，我们在说任何一种产品有品质之前，必须考量三个先决条件，之后才考虑个人的偏好，这也就是相对品质的观念。

这三个先决条件就是——优质、洁净与公平。这三个概念要彼此配合，缺一不可。

[日记8] 记忆中的家乡美味

在我身为美食家的漫长经历里，不论是以评论家还是以慢食协会主席的身份，我接受过的访问可谓不计其数。而在每个访谈中，几乎都被问及“您最喜欢的料理是什么”或“您理想中的美食应该是怎样的”。相同的问题不断地重复，就像一种流行口号，显示出这些文化及美食记者的思想大多非常贫乏，他们把美食简化为两个元素——食谱和推荐餐厅。我承认这些问题很恼人，尤其是当我试着解释美食学的复杂性时。然而过去几年来，我试着放松，不去担心这些，只是单纯地告诉他们：我的喜好依据我当时的情况而定。经过这么久，这些情况依然没变，这类问题还是一直出现，依然很恼人，美食家的好奇心或美食议题的严肃性，依然没有受到公平对待。

对美食家而言，个人经验可不能被当作玩笑看待，它是有重要影响的。这些经验是很严肃的，非常个人化，而且深植于童年时期的经验，更是让美食探险变得美好的原因。每个人都有各自不同的起点，能够追溯到出生、成长之地。以我为例，我来自皮埃蒙特，1949—1958年，我开始学习食物的相关知识。这段时期在意大利历史上被认为是拥有最健康饮食的时期，连意大利国家营养学会都认可，但这并不是因为当时人民过着富足的生活（事实上，他们并没有过着富裕的生活），而是因为当时食物品质的关系。

我来自于介于劳动阶级和下中产阶级之间的家庭，我的美食根源来自为了维持生计而衍生出的传统烹饪技巧，我的祖母就是这种生活的代表。她准备食物的时候非常有耐心，也教导我们爱惜食物。当时的女人大多都是这样，她们尽可能充分地利用手边勉强得来的食材，在当时经济困难的情况下，做出令人无法忘怀的料理。

这就是为何有些味道至今仍烙印在我脑海中，每一种味道总是和一些特殊的情况关联，经历过的事情，会留下生动的记忆参考点。

我还记得小时候的一种点心，就是在面包上涂一层大蒜汁，再加一点盐和油，放到炉上烤。对一个孩子来说，这算是相当丰盛的下午茶点心。虽然现今没人会再做这样的点心，但那是我与大蒜第一次接触，一般来说，想说服小孩子吃大蒜可是很难的！星期天的午餐也让我印象深刻，桌上摆着方形饺，当中所谓的馅料，其实是这一周的剩菜。我祖母喜欢加一点米饭进去，让这道料理多了些独特性，有了丰富的口感。不知道的人绝不会把它跟剩菜联想在一起，而会把它当作真正的周日大餐。

还有一道菜是穷人料理的典范，我也从未在其他地方见过。在物资匮乏时期，大家干脆用牛奶煮饭当作晚餐。还有什锦肉卷，就是用薄薄的一层肉，把鸡蛋、蔬菜、奶酪、面包屑等食材卷起来，然后搭配传统的皮埃蒙特萨尔萨辣椒酱汁一起吃。

看到人们现在几乎不再制作这些食物，是种很奇怪的感觉，这些食物其实造就了一部分的我。现在这些菜，只有在少数几家标榜传统美食的餐厅才有机会看到。虽然这些菜肴还在我脑海中，但几乎尝不到了。

餐桌上已经看不到好吃的面包，只能看到那些没味道、不好吃的小白面包，这让我感到非常沮丧，记忆中用酸面团、活酵母制作的大面包已不复存在。餐餐食用大量的面包，应该是意大利饮食历史的一部分，这段历史源自农业社会的传统。每次我去法国，总有人跟我讲，你们意大利的开胃小菜就是面包和水，这时候我总会觉得很有趣。但他们说得没错，这真是我们意大利人的一部分，而且我也真的怀念那种面包。当我用餐时，如果餐厅提供了很好的面包，总能让我感到非常愉快而且惊讶。现在许多加州的餐厅也都能提供很好吃的面包。

食物会随着时间而改变，传统也一样，这是不变的定律。但美食家的记忆就像一个资料库，一个档案柜，里面保存了跟随他一生的知识和有关味道的记忆。这就是为何持续训练美食家的感官，能帮助美食家及其所属的文化。而这种记忆资料越详实，未来美食知识的流失就会越少。

优质

想定义“品质”，却只说“所谓有品质的产品必须是优质的”，这并没有解决品质的相对性问题。所谓“优质”，是指一个人会喜欢它，这应该是知觉层面的问题，这一层面深受个人、文化、历史、社会经济及许多其他因素的影响。上述因素当中很难看到客观性，然而事实上，唯有拒绝这种客观性，拒绝建立对每个人都适用的品质规定，我们才能了解什么是优质的。

美食学中所称的“优质”必须符合两个条件。第一，一个产品必须在某种程度上是天然的，尽可能尊重产品的原始特色；第二，它能带给我们具有辨识性的感官刺激，让我们能在某一特定时刻、地点或特定文化内评判它。一种食物也许此时此刻对某人而言是优质的，但是并不代表它对20岁的伦敦年轻人、蒙古放牧人、巴西桑巴舞者或泰国医生而言也是优质的。即使是我自己，若百年后我仍有幸品尝那些我现在觉得优质的东西，也未必能保证我有相同的感受。

在定义什么是优质的过程里，有两个主观因素非常关键：第一是味觉，这是非常个人化的，跟每个人的感觉有关；第二是知识，属于文化层面，跟环境、社会、技术及地方历史有关。

感觉

感官知识是一门科学，对于这个词，我们通常认为它具有客观基础，但其实它的客观程度不强。因为正是通过感官我们获得感觉，感觉是生理现象，对于健康正常的人来说，是很自然的事情。

我们一方面研究人类的身体，另一方面解读品尝的技术，借此解释感官如何运作，感知活动如何发生、它们变成自身认知的过程。而味道、颜色、材质的触觉、声音、原始的嗅觉等，都将因此被辨识，进而被加以研究描述。

我们在发表任何评论之前，要认真品尝食物的真正味道，经过最精细的特色描述——包括视觉、嗅觉、触觉、味觉特征，这样才能体会真正的味道。对一些完美主义者而言，他们甚至费心地研究听觉对于味觉体验的影响。我必须说，这样的方法可以被视为一种评价吃吃喝喝的美学方式，当中虽然受到文化因素的影响，但其出发点仍是客观的，只不过对于不同口味尝起来或是闻起来的味道所给予的评价，仍会有所改变。

烹饪的历史能帮助我们解释为何“优质”这个观念是多变的，以及它在历史轨迹上如何改变，甚至不时完全颠覆原本的意义。举例来说，古罗马人非常喜爱一种酱料，它的做法是把鱼内脏浸泡在油里，再加入许多香料。在现代，西方人绝对不会喜欢这种调味品。然而，现今的泰国却有类似的东西，而且非常普遍，深受大家喜爱。历史上有些时期，酸味是非常受重视的，有些时期则重视甜味，有些时期是酸、甜、咸同时偏重，有些时期认为天然香料就是“优质”的同义词，也有些时期人们强烈地认为食物最后的成品要能维持食物本身的原味，这才是最好的。

而每个时代不同的口味变化，几乎总是和当时的环境状况有关。但这并不是说没有一种客观的方法能辨别口味，事实上，还是有客观的基础存在的。从历史角度来看，这个基础现在正面临前所未有的威胁。人类知觉感官受到大量刺激物的攻击，受到想要减少选择及凡事讲求快速的攻击，并且工业化生产改变了天然的味道，欺骗我们的味觉，这些现象慢慢地让我们的知觉器官萎缩。

所以，我们现在最重要的美食工作，就是持续不断地训练感官，接受再教育，这样才能让我们了解何谓品质。如果我们不能在客观资料的基础上去辨别味道，那我们也不可能得到相应知识。如此一来，我们就会失去品尝的快乐，失去选择的自由，并失去所有直接或间接影响制造商的能力，那就等于一开始就自动舍弃了品质，而被迫相信卖东西给我们的人。

太相信卖东西给我们的人，极可能是个错误。从这一点看来，重新找回感官及再教育感官，就扮演了非常重要的角色。让我们的感官变得粗糙、迟钝，等于是向这种统治模式投降，这种统治模式不让我们享乐，不让我们感到满意，而是像无情的齿轮推动着重型卡车，一步步迈向利润（或者可以说是坟墓）。感官钝化既是这个系统繁殖的结果，也是原因。重新找回这些知觉感官是我们期待一个不同系统的第一步，这个不同的系统将人视为这块土地上的工作者、制造商、食物及资源的消费者、政治与道德层面的个体。重新找回一个人的感官知觉，就是重新找回一个人的生活，并且和他人合作，建立一个人人都有权利享受快乐及知识的更好世界。

味觉

味觉，它既是味道，也是知识，在意大利语里这两个词是押头韵的，说明了两者在感知及文化领域之间存在着密切的关系。味觉是会改变的，会随着你有没有钱、过的是丰衣足食还是饥寒交迫的日子而改变。你住在林区还是城市，也会对你的味觉有所影响。但对任何人而言，味觉都是把每天维持生计的生活，转换为享受快乐权利的最佳方式。

马文·哈里斯曾断言，这样的自然倾向，若从成本利益方面来看，可能是一种利己行为。但也如同让·路易斯·富兰德林所说，人们吃某种特定食物未必代表他们真的喜欢那种食物，例如有钱人总是把食物是否昂贵当作选择的标准。对他们而言，东西越稀有、越贵，表示产品越好。现今，人们越来越富有，加上过去从未有过的感官无知，导致价格昂贵成为选择食物的必要条件。但事实上，现在的人付出的金钱与食物的品质、美味程度更加不相称，比起过去那些精英分子的夸耀与自豪，现代人失去了自觉意识。产品越便宜大家吃得越多，完全没想到享乐的权利是否被剥夺了，或是是否伤害了自己、生态以及产品的生产者。

我们暂时把人类学、经济学的考量放在一边，先想想味觉对于我们的重要性。味觉依据文化及经济情况而形成，由于影响它的因素实在太多，因而美食家的工作，是必须替现代社会定义何谓“优质”。

先前提及，想定义出每个人都认同的“优质”并不容易，因为存在太多复杂的因素，若想归纳更加困难。因此，当我们研究何谓“优质”时，必须先将语境限制在一个特定文化及特定的社会团体内。比如设定在一个特定空间、限制在单一文化和单一社会群体里，让我们必须面对“美食学包含多种学问”这种复杂性。如果我们能完全没有偏见地接受这种复杂性以及文化多样性，便可以梳理出看似不重要但却息息相关的诸多因素，如此找出存在于所有文化当中的元素，找出其共同出发点。例如，偏好人工还是天然口味，属于其他内容的相应元素也可以附加在这类大的标准上。

我必须先申明一点，为了阐述这些论点，我会以西方的口味历史来说明，但我个人完全反对西方中心论，反对任何认为西方美食文化要比其他地区优良的论点。

我会从西方讲起，纯粹是因为对我而言能够有比较多、比较熟悉且更多关于自己的历史资料可供参考使用，同时已经有许多学者对这些历史做了详细且深入的研究。从这些史料和研究资料可以看出，西方人的口味在人工及天然之间规律地摆动着。举例来说，古罗马、中古时代、文艺复兴时代的料理比较偏向人工口味，当时烹饪被视为一种组合艺术，尽可能改变食材的原始风味才是主流。如果暂时不回到那么久远的年代，近期所谓的高级料理也发生了人工及自然口味交替风行的情况。例如，20 世纪 70 年代中期，高级料理的时尚潮流“新派料理”，就是把厨师的技术放在所有条件之上，把技术视为一道料理是否成功的主要条件。在这种历史背景下，食材品质到底好不好，都被认为是不重要的。“新派料理”的支持者认为，即使是最差的原料，也能借由厨师的技术和创意，转变成一道不可思议的好菜。

而到了 20 世纪 80 年代中期，出现了艾伦·杜卡斯等广受欢迎的新主厨。他们推动新的料理学校成立，学校的基本宗旨是追求优良食材——这是唯一的重点；同时，厨师的能力合理地介入，在他们的光环下表现出食物的原味。之后，出现了由费兰·阿德利亚领导的西班牙料理学校，他将华丽绚烂、技巧性极强的创意注入厨房，他的分子料理方式改变了食物原本的特性，让我们无法想象食物原来的样貌、成分及口味到底如何。这种持续不断引发争议的料理游戏，从阿德利亚的作品中可以找到知识依据。事实上，他是一位真正的创新者，称他为天才也毫不夸张。但是在他的追随者手中，我们可以看出这种料理精神的贫乏，同时呈现出来的食物口味很差。

直到现在，这场辩论仍持续着：究竟是把烹饪技术化，还是采用与之持相反意见的传统烹饪法（意指复兴传统烹饪法，使其符合现代需求）。传统主义者看到这些厨师在某些方面受到传统菜肴启发，真心保留食材天然原始的口味。这两种不同观念并存的世界气氛紧张，两者在全球化加速的世界里对立加深，甚至面临自我毁灭的危险。

在现代社会里，我们可以发现，朝任何特定方向行进的活动，一定会遇到反对势力。因此当快餐普及全球时，慢食便出现了。当全球化运动同一化所有的口味时，马上便出现对本土及多样性高度评价的反对行动。当强调料理的人工技术流行时，相反地，马上便会出现所谓的“自然”学校。在这些轮替过程中，彼此的交换、混搭越来越不受约束，例如无国界料理（fusion cuisine），单纯以味道为本，把不同的产品及烹饪传统混合，完全无视领土或文化疆界的限制。这样的行为若没有导致完全混乱、完全扭曲原料的价值，就是为集体口味注入了新的文化刺激，通过尊重和恰当混合的方式传播新产品知识。

在目前混乱及快速变迁的情况下，我们认为天然味道更加重要，因为周遭有太多乱七八糟的刺激物。所以味觉一定是第一个要辨别清楚的，不管是实际品尝还是知识。因为人造原因而拒绝人造是一种负责任的行为，可以让我们回归真实。事实上，没有哪种人工技术能证实它们好到足以让天然口味相形见绌。

天然特性

先牢记工业形态下食品的生产特征，然后将讨论使用技巧是否合理或有效放在一旁，那么剩下的就是关于原料及原料应受尊重的问题。这就是我们讨论所谓“优质”的起点。

谈到原料及其应受的尊重，我认为，若想形成一种认为食物的“优质”和它的天然特性正相关的理论的话，我们必须知道一个基本条件，那就是只有了解了原料的天然性，才能让认知何谓“优质”成为可能。

我们必须说清楚“天然”的意思。在此讨论的是一个系统，是整个生产方式。天然是指没有使用太多外来或人工元素，对生产系统、环境、人、原料及处理过程加以尊重。在加工、豢养、种植、烹饪等过程中，没有人工添加剂及化学防腐剂，没有人工香料或是所谓的“天然”香料，没有破坏自然的科技。原料必须是健康、完整的，尽可能不要经过密集的化学处理程序，必须尊重它们的原始特性。以奶酪为例，它的品质和原料，与牛奶的品质密切相关，而牛奶的品质好不好，和生产牛奶的动物所吃的饲料好不好有关。肉类也是一样，豢养家畜时要尊重天然原则，也就是不打生长激素刺激生长，不使用高卡路里或添加了抗生素的饲料。动物应该过着没有压力的生活，它们的健康及幸福也应该受到重视。也就是说，人们在养育它们时，应该尽可能让它们过天然的生活，例如它们在牲畜栏里要有适当的空间，当然最好能让它们到草地上活动。如果要让它们上车的话，不要驱赶它们，不要使用暴力。这不单单是不要对动物残忍的问题，也是为了保证将来最后的产品会比较“优质”，因为压力和创伤会对肉质造成重大的影响！

但是，人类科技如何与自然和谐共处呢？每一种农业技术，即使是最古老的，都一定会将一些人工的东西引进大自然。绝对天然的食物，是指动物直接食用的大自然当中的天然食物，不经过烹煮，没有其他花哨的食用方式。但这并不具有文化性，如果我们人类也是如此，那么我们和那些在大自然中看到什么就吃什么的动物没多大不同。

在生活的其他领域，我们也要有正确的观念。科技可以是自然的，前提是该科技能够尊重自然，不滥用、不浪费、不消耗自然，不随意改变自然的平衡。我们以酒的生产为例：在酒窖中使用巴瑞克葡萄酒桶算天然吗？它当然比使用浓缩机天然，后者会改变当年生产的葡萄的特质，而巴瑞克葡萄酒桶不会改变葡萄酒天然特质，所以它虽然是人工产品，但也是自然的。同样的还有葡萄园使用的筛选方法（把一些质量较差的葡萄串除去，让剩下的葡萄能够吸收足够的养分，也就是通过量的牺牲来提高葡萄的品质），这算是以外来的方式干预生产。这样的筛选方式仍然比用浓缩机或者用化学手段处理自然，因为它是一个过程，一种人类知道的技能，和事物的天然性质一致，无须折中应用。事实上，这种做法可以改进生产方式，却不会给土壤和植物太多的压力。

我们还有另一个类似的比较可以参考：一边是异种花粉受精和通过人为选择做的变种改良；另一边则是为了增加产量而发明的杂交品种，或为了增加产量而发明的转基因品种——这两者之间天然或是人工的差别，相信读者应该可以区分吧？

所以，具有天然特性是追求“优质”的先决条件之一。产品从田野到餐桌的整个生产制造过程，必须符合产品的天然性质。

享乐

人都喜欢好东西。享乐一直是美食家追寻的快乐体验，但也可以说是一种折磨。说它是一种快乐体验，是因为如果我们努力往好品质的境界迈进，我们可以享有美好的体验，也能让其他人体验这些乐趣。而说它是一种折磨，是因为宗教观念上视美食享乐为邪恶、罪恶、受诅咒的东西。某些观点也将追求美食享受视为向资产阶级恶习屈服。

享受食物是生理上的需求，是天生的事情。人类不停地追寻它，即使是食物短缺时也一样，但它却一直未被社会欣然接受。美食学并不具有其他科学的地位，也未曾真正受到重视，因为它始终都跟享乐联系在一起。

这个根本问题阻止了我们对“优质”品质的追寻，并且成为工业化食物生产的完美帮凶，让品质的重要性大大降低，甚至到了消失的地步。绝大多数的人都习惯了人工香味、口感、味道，因而无法分辨什么才是“优质”的东西。拒绝或是贬低烹饪乐趣，表示我们切断了连接人与土地，以及与土地上生产的果实之间的纽带，但大多数人竟然对这么严重的事情感到不痛不痒。这就隔绝了制造者和消费者，也就是把消费者隔绝于每一个生产阶段之外，而这些阶段本该是用来创造味道、学习尊重食物风味及基本知识原理的。

享乐是重要的，享乐是自然的，就像我之前所说，每个人都有追求快乐的权利。我们的第一步行动不能模棱两可。再一次重申这个原则：既然快乐是人类的权利，那就要保证每个人都能得到并享有这个权利，所以我们必须教导人们去认识美食，让“天然的”、“优质的”产品能在每个地方生产。

这个目标可以立即消除原本错误的观念——认为美食是精英人士的特权，认为美食必须跟食物本身的某方面割裂，就像是说，只有负担得起的人才有权利享乐，而那些穷人只能够设法让自己活着，只能求生存，不能体验快乐。

然而事实并非如此，快乐和知识密不可分。知识本身是我们应有的另一种权利。知识能让我们了解原料，或是原料经过处理后的特征，这可以让我们感到快乐。快乐和知识互相联结，让我们能正确地了解食物，让我们因为拥有关于产品特色的知识，了解不同技术和制造过程，而得到快乐。我们因为能与其他人沟通分享而感受到快乐。

追求享乐及表达快乐具有感染力，它能恢复身体活力，刺激我们的头脑超越旧的美食守则；它对所有与食物有关的学科（例如营养学）而言是一种挑战，那些规则常常宣称“我们不需要享受美食的快乐”，殊不知，如果没有快乐的话，它们根本就没有存在的理由了。我们应该教导全世界的孩子、成人快乐是什么，因为它是赋予新美食家每日工作意义的唯一因素。它不需要自省，而是一种自觉的生活哲学，深入指引我们的日常美食行动。从种植到食用，从购买到烹饪，从食物系统研究到科学研究，或是缺粮地区的发展计划，都能在这种快乐的生活哲学当中实行。

快乐在这个意义上就是指“优质”的哲学，要知道如何享受这种“优质”。

以“优质”为目标

“优质”是一种主观的概念，可以当作社会各阶层、人与人之间的区别工具；它也可以是文化区分的工具，区分出那些在“优质”观念尚未普及前就对它感兴趣的人，也区分出那些虽然本意良好却相信“只有对自己好，才是唯一的好”的人。

说我在追寻“优质”，其实是说我在追寻对我自己好的那种优质，是根据我的文化内涵所认定的“优质”。但同时，我也希望世界上的每个人都能够发现，他们所属的文化内涵里也有许多“优质”的东西。

以意大利为例，许多传统菜肴是以兔肉为基础，但对大多数美国人而言，吃兔肉非常不人道，而且恶心。因为兔子对他们而言就像狗一样，是一种宠物，所以很难对美国人解释意大利伊斯其亚的野兔是用传统方法放养的，可以食用。对许多美国人而言，兔子肉是不能吃的。这就像我之前提到的Brus一样，即使在皮埃蒙特当地，未必每位居民都认为它的味道是好的，有些人甚至可能认为它很臭！也许这不是客观的“优质”，却是我所属文化的一部分，是我记忆中的一部分。以现在的年轻人为例，即使他们来自仍生产它的南皮埃蒙特，却也已经没有文化背景去欣赏这种美味了，我们最多只能借由了解制作它的理由、为何它能让我们产生一些特殊的感觉，并辨别哪些是正确的方式，来教导他们懂得欣赏它，因为它对现在的年轻人而言是过去的陌生文化，无法强迫他们回忆或是体会。我们不能逼他们品尝这已经快要消失的味道，食物的口味会随着历史而演化。

我遇到过一些来自布基纳法索的女性，她们是吃昆虫的，她们从母亲那里学来干燥幼虫的方法，懂得处理并食用昆虫。在那样贫穷的国家，昆虫和许多幼虫是天然蛋白质的来源。她们给了我一小袋毛虫，出于礼貌，当然也出于好奇心，我试吃了一个。客观地说，我没有从中发现我认为的“优质”（虽然我在墨西哥时曾吃到过类似的、好吃的炸幼虫）。以我个人的品位来说，这些昆虫是难吃的，但是，它们对于当地文化而言是重要的，是传统的一部分，符合天然的条件，吃它们能帮助农业发展（因为它们是害虫），它们能改善当地人的饮食营养。基于上述这些理由，我必须说，这种食物是“优质”的。就如同Brus对我而言是好的，野兔对伊斯其亚当地而言是好的，都是一样的道理。这就是所谓的“相对的优质”，它可以根据一个地方的文化，以是否天然以及依个人的感受来判断。

想完全接受这种相对性，首先要尊重异文化，尊重多样性。我们每次接触异文化，每次援助他人或是交易，每次品尝异国食物时，都要把这种尊重放在心上。没人有权依据自己的文化内涵基础去评判其他人的饮食方式，如果我们把食物的描述作为一种语言来接受，那么食物便是一种沟通的工具，想要评判它，必须先学习这种语言，了解它在每一种特定文化当中的用法才行。

然而，这一点很难实践。当我们想要组织国际性的活动，保护或支持一些产品、农业或社会团体时，这就是第一个障碍。通常，在这个领域中运作的非政府组织、协会、机构等，都是西方文化的产物，所以这些活动势必带着西方的思考模式、西方偏好的口味等。即使是慢食协会也一样，我们为维护全世界小农权益所进行的“慢食卫戍计划”也曾遭遇困难，因而必须努力学习我们想要保护的那个地方的文化才行。如果我们想提升可持续性、自然性，以及保留当地的传统，我们也要同时推广好品质。为推广好品质，必须在一开始就树立正确的认识，否则注定失败。

所以，以“优质”为目的其实带着政治意义，我们一定要走重要的两步。首先，找回我们的感官知觉，这是新思想、新行动的第一步。其次，借由学习了解他人的不同，学习尊重异文化。这两个步骤可以帮助我们彼此沟通、彼此合作，拯救食物生产，最后通过我们的感官来认清现实世界，知道整个世界其实是由味道及其知识组合而成的一个巨大网络。

这样的事实让我们必须搭配本土化的行为，即在家里吃饭。这能让我们了解什么是好的，也能知道地球的多变性。虽然在家吃饭并不会让我们无所不知，但它的出发点是让大家分享在复杂现实中做出“优质”选择的固定标准，让大家都能接受这些标准。因为追求品质是我们的目标，是一个新的、全球共同的目标，可以利用我们的识别力及感受去达成。

这是“优质”的吗?

一个有品质的产品具备三个必备且互相依存的条件——优质、洁净及公平。在这三个条件当中，“优质”是第一个条件，指口味的好，心理感觉的好。这个“优质”有较高层次的感官特性，当我们尊重产品的天然性质时，就能够体会到。新美食家的工作便是尊重这些特性，理解它们，同时设法引出这些特性，或是鼓励其他人根据他们自身所属的文化，创造这些特性，并能更喜爱、欣赏这些特性。

所以，这其实是一个具有政治性质的工作。事实上，政治活动的目的本来就是为了改善生活的品质，而“优质”也有同样的作用。如果有人反对，认为政治是一件严肃的事情，不该跟这些饮食问题有任何关联，我会告诉他们:“‘优质’同样也是件非常严肃的事情。”这并不是异端邪说，不必因为重视它而感到可耻。

追求“优质”是对他人以及对我们自己尊重，确保它成为每个人的权利，是人类文明使命的一部分。我要重申，“优质”可以引导我们尊重地球及地球上的不同文化，我们现在谈的可是“人类的快乐”这件重要的事情！如果有人因为看到“优质”可以这样民主化而感到惊讶，或是认为这冒犯了他人（在我看来是只顾自我享受、自私不负责的人），那么我相信，美食家还要多加努力才行。在大家还不懂好品质、好口味、知识及快乐的重要性之前，或是因为恐惧，拒绝了解美食学的好，或者更甚之，以追求利润为名，拒绝真正的“优质”之前，美食家都应该继续努力，尽一己之力改变现状，因为我们现在讲的是快乐，是地球及地球上居民的快乐，这个十分重要的权利。

立足当下的思考

幸福

我注意到一件有趣的事情——严肃而认真地讨论“享乐”总是让人难以启齿。过去如此，现在也不例外，如果想找谁聊这个话题，对方总是一笑而过，或是找个机会岔开话题——想要认真谈一谈总显得不合时宜。享乐本身不是个轻松的话题：如果从根源上改变观点，会波及现在大多数的生命模式和生活方式；若把它诠释成一种权利，那更是一声惊雷平地起。享乐是一种权利，这样的想法从提法上就剥夺了少数人优先的可能性，而赋予了它一种普世内涵。假如它是一种权利，那我们谈的就是所有人的权利，那么一个人，只要需要就被及时满足，这样的享乐还是享乐吗？如此一来，这就成了一个充满迷思的话题。我们曾以为对它了如指掌，甚至懒得去仔细评判它，如今才发现根本不知道该如何去管理它，甚至质疑它的不可或缺性。而“享乐”这个词的初衷，由于种种因素，长时间都是被扭曲的。但当我们谈论幸福这个议题时，总是站在理性这一边，从不缺乏严肃感。幸福是一个穷尽所能力求达到的严肃的目标，无论是好的政府，还是企业或集体的自由经营，抑或是购买几元钱的饮料。“幸福”，由于政治或者商业的需要，在我们日常生活中出现的频率远高于“享乐”这个词，却无人质疑。如果说享乐本身曾是一种罪，享乐主义者从古至今都被认为是不值得信赖的利己主义者，那么当人们尝试追求幸福的时候，并不会有负罪感。幸福的权利并没被社会所拒绝。因此，我提出

"享乐的权利"的想法，一种简朴的、共享的、自律的享乐。一种日常的享乐，诞生于一种生活方式和思维方式。但要说到去维护它，我们必须把它和幸福的权利联系在一起，我已经准备好了。幸福是和享乐同样严肃的事情，前者比后者更偶然、更关乎达成的目标，而不是单靠生活方式可以决定的——总之更脆弱且不稳固。假使民主之父们当年懂得如何对话新新人类，他们肯定会在美国宪法里谈追求幸福的权利，因为这显然比推广追求享乐的权利要容易得多。在本书第一版问世后 10 年间，我和路易斯·塞普尔维达关于幸福想了很多、看了很多，也实践了很多次，甚至还通过意大利的Guanda出版社出版了一本对话集。倘若享乐值得我们在普世价值上下注赌，那幸福就值得我们在心灵深处为它这么做。也许正因为如此，全世界在近 10 年里迅速掀起了对食品问题的关注，我们冲破了文化壁垒，用心灵去和食物、农业交谈。不要再去想那些漏洞百出、毫无公益可言的商业宣传了，我们简直太清楚不过了，一瓶带气儿的甜饮料是不可能提高家庭的幸福指数的。我们同样也很清楚，饮食也需做到天人相应，也需懂得去分担世上的苦难。想想那些因为饥饿而死亡的人们吧，我们应该为此感到羞愧，应该为了改变现状而努力奋斗。当此景得以实现时，我们方能品尝幸福之甘露。这些将引导我们追求日常中的享乐——就好像是一种权利。

[日记9] 印度海岸的明虾——世界救援的悲剧

2004年12月27日，全世界在如同世界末日般的灾难画面中惊醒。苏门达腊岛西海岸几千米外的强烈地震，引发了巨大海啸，袭击了印度尼西亚、孟加拉国、印度、斯里兰卡，甚至东非的海岸线。成千上万人丧生，许多城镇被夷为平地，剩下废墟一片，人们的生活被摧毁，社会支离破碎，文化面临绝迹，损失难以计算。世界各国立即展开团结合作，以前所未有的速度和规模为灾区提供援助。当紧急状况过去，大家便纷纷开始讨论灾区的未来，比如观光景点、只有渔夫或农民居住的海岸、还有那些原本已经存在诸多问题的地方——一切必须重新开始。

灾难发生后几个月，关于该如何使用西方国家援助的辩论如火如荼地展开了。为了要厘清哪些是该做的事情，慢食协会决定举行一场公开辩论活动，比较两个不同的观点、两个不同的世界愿景。辩论活动的主题是“东西方的自然与饮食”，于2005年2月12日于都灵举行。我们邀请了两位朋友主持，一位是恩左·比安奇，他是北皮埃蒙特波赛修道院的院长；另一位是凡达娜·席娃，她是印度科学家，也是一位激进主义分子。

那天晚上的辩论目的，主要是想寻找问题的答案。辩论的议题各式各样，从我们对自然的过度开发将如何影响地球，到被海啸损坏的度假胜地的文化冲突等。这是一场高水准的辩论，我尤其被凡达娜·席娃直接且具有争议的开场白震撼了：

> 袭击海岸的巨浪造成的后果，其实主要源于人类犯的错误。那些海岸失去了天然的防御能力，因为兴建度假村庄，因为工业化农业，破坏了红树林，才使这些地方完全暴露于危险状况下，让数万人在海啸中丧生。人类忽略了对大自然应尽的责任，才让我们被这前所未有的力量袭击。

对环境负责，是指尊重自然及他人，以及后代子孙。这个崇高的信念，原本应是这些国家人民日常生活的一部分，奉行于农业社会以及人与人之间的和谐关系中，但现在却被突如其来的另一种西方文化和生产方式给打乱，甚至即将消失。凡达娜·席娃给我们讲了一个不可思议的“不良生产”故事。灾后正在进行的重建工程，可能会导致更严重的后果。印度及孟加拉国受到海啸影响的海岸区域，当地密集的明虾养殖场彻底破坏了生态系统，并对当地居民和动植物产生了严重影响。

20世纪90年代早期，世界银行的专家说服印度政府，承诺明虾养殖将促进当地快速发展，带来巨额的利润和大量的工作机会，让他们相信，密集的明虾养殖能结束数个世纪以来沿着这6 000米海岸线存在的贫穷状况，以及小规模的自给自足模式，并且带来繁荣。在世界银行的专家看来，明虾养殖似乎是极具远见的做法，就像是灵丹妙药，能保证印度的持续繁荣。

但事实上，这些养殖场占用了大量土地，不到几年的时间，数千公顷的肥沃土地，也就是那些农民原本用来满足自身需求、种着简单却多样化作物（尤其是稻米）的土地形态完全改变，盆地转变成洼地。养殖明虾需要填满洼地，填满洼地需要大量的淡水，由于需要的水量太大，甚至必须抽干附近村庄地下岩层的水源。除了需要淡水外，还需要一部分海水。这种凭主观臆断的做法迟早会透支土壤，让这一地区的土壤短期内处于不能使用的状态。

由于明虾生长的环境是洼地，加上该地区的人口密度又太大，所以必须施打大量的抗生素，以对抗可能的疾病。这些抗生素也被当作生长促进剂使用，造成了抗生素的过量使用。另外，这些明虾每天都被喷洒定量的化学药剂，借以平衡它们所栖息的人工生态系统，这种处理方法，当然又需要持续不断的水源供应。当然，基于经济及方便性的考量，最后这些已经受到污染的水，再度被排放回海洋，一直重复循环。

因此，明虾养殖除了会对农业造成伤害外，也伤害了渔业。受到污染的水中含有大量通过明虾粪便排出的硝酸盐及亚硝酸盐，加速了红树林的减少，而这些林地早就因为明虾养殖地的设立而快要灭绝了。然而，红树林的存在对这些区域却非常重要，它们能保护海岸不受大海侵袭（在这次海啸中，那些还有红树林保护的海岸地区受到的损害最小），为鱼群提供避难所，一旦天然栖息地受到破坏，鱼群就会死亡或是必须迁移到其他地方。渔夫们以前只需在海岸附近工作，现在却被迫购买远洋渔船（前提是他们能负担得起），到更远的海中捕鱼。

最后造成什么结果？大面积的生态破坏，村庄缩小或被迫迁移，流落到更危险的海峡区。到处都是失业人口，因为一个明虾养殖场现在只需雇用两个人，但从前这里却是工作机会的保证，可以让更多人就业！以种植稻米为例，一年需要120位工人帮忙种植。更讽刺的是，这些虾都是销往美国、欧洲和日本，而这些国家近几年来甲壳类海鲜其实已经生产过剩了！值得一提的是，印度海岸的明虾养殖其实早在引入西方密集式养殖前就开始了，但是以前与稻米种植交替进行，以符合生态的方式对土壤施肥（使用没有污染的粪便），同时也充分利用了土壤的养分循环，而不是只放着休耕一整年。当时的消费主力来自当地，但现在完全不同了，当地居民没有工作，买不起工业化生产的昂贵明虾，而这原本是他们维持生计并与自然和谐共处所生产的东西。

在过去几年，甘地的两位门徒克许那马和贾甘那森一直为这些沿海居民发声，不断提出抗议。早在海啸发生前，当地居民的生活就已经被这些密集的养殖地所摧毁。但是现在世界银行却计划重新建造这些被淹没的养殖场，想扩大养殖区域。看到这里，我想读者对于要选哪一边，应该一点疑问也没有；怎样才是对的、好的，相信不用再多做说明。凡达娜·席娃叙述的故事也在《地球、明虾、农民及英雄》这本意大利语写就的著作中出现，这本书的作者是罗拉·考波。我相信这是一个很好的例子，告诉我们如果不尊重当地文化，不尊重经过数千年检验的可持续生产方式，只会让我们原本想要帮助的那些人生活得更加艰难。

还有一点，不尊重大自然是非常危险的。当大自然以如此强大的力量反扑时，不管是不是巧合，我认为，那些所谓的技术专家绝对是协助制造破坏的人。

洁净

有品质的产品要满足的第二个条件，就是它必须是“洁净”的。“洁净”同样是复杂的条件，但相较于之前的“优质”，它客观多了。洁净同样也与食物的天然性质有关，但却指涉另一种天然。这里的天然并不是指复杂的产品天然特征，而是指产品的生产及运送过程天然。一个产品从原产地到餐桌，整个过程中如果没有对环境造成污染，也没有浪费或过度使用天然资源，那么它就是洁净的。用比较专业的术语来讲，就是它的生产过程必须符合天然、可持续的条件。

“洁净”的定义主要依据“可持续”而来。可持续可视作一个相对的概念，但我们只有计算出付出的成本与实际利益之间的关系，才能建立符合可持续性的规则。我们常会接受因生产所导致的污染，这是因为我们不知道或者低估了我们付出的环境成本。所以，我们必须设定一个限度，这个限度必须是基于我们的常识而设定的，至少在无法正确计算环境成本时，我们的常识要能派上用场。

“洁净”和“优质”两者互相依存（本书后面还会谈到另一个必要条件——“公平”）。尊重天然是这两个必要条件的基础，两者之间也存在着互补互惠的关系。没有受到污染的土壤，能培育出让我们赞叹的产品，洁净的空气也让产品生产得更好。维持地球生态系统的平衡，更能降低生产的成本，让食材发挥最大的潜力。

可持续性

食物的可持续性是什么意思呢？请大家先仔细想想下面哪一种状况比较符合可持续原则。是食用海运进口的巴西有机杧果，还是吃离自己家两条街的面包店做出来的面包？要判断食物是否可持续，首先要知道食物在被送上餐桌之前的这个过程可能造成的生态影响。这时要先问问自己，这种食物是否健康，是否符合消费者的需求（可持续的优质），还有它是不是生产者在公平性的工作原则下所生产的（可持续的公平）。

回到杧果和面包的问题。乍看之下，似乎巴西有机杧果更不符合可持续原则，因为杧果要经过一段很长的旅程，才能到达餐桌。不过答案没这么简单。这些杧果是经过认证的有机产品，没有接触农药、杀虫剂，它们经由海运，到达港口前可能是由火车运送，这种运输工具造成的污染，比飞机或卡车少得多。相反，面包使用的原料可能是密集工业化生产的小麦面粉，这些小麦经由卡车长途运送到磨坊，造成了污染，而面包师父也可能因为没有正确使用烤箱，进而排放污染空气的有害物质，这样看来，面包反而是更不符合洁净条件的产品。有人会说，那么可持续性也是一种相对的概念；而我说，那只是因为我现在举的这个例子是假设的。事实上，我们可以得到准确的数据资料，大家其实可以进行正确的比较和选择。

现在是时候了！每个人，不管你是代表生产商、贸易商、组织、机构，还是只代表自己，都应该问问现在的生活方式是不是可持续的，并且要用实际行动去计算及测量产品的可持续性。到现在为止，我们的生活方式并不符合可持续性原则，这是不容否认的事实，本书第二章提到的千年生态系统评估，对这一点解释得相当清楚，这份评估同时也是过去20年来，众多相关报告当中最详细的报告。早在20世纪70年代早期，第一波警告便出现了：经济发展是有限度的，我们几乎已经到达这个限度的最高点了，人们消耗的天然资源已经远超大自然所能提供的量。

1992年，地球高峰会在巴西里约热内卢举行，其中的环境与发展大会第一次针对这个议题进行辩论。会议结束时，各国政府起草了一份名为“21世纪议程”的文件，这份文件非常重要，它为下一个10年列出符合可持续性的条件。当中提到了努力对抗沙漠化、对气候及生物多样性进行保护，以及其他许多对全世界深具影响的议题，包括需要政府和个人一起努力的指导方针。但10年后，在南非约翰内斯堡召开了另一个会议，会议中我们清楚地发现，当初这些立意良好的指导方针，并没有产生任何实质性的效果。它们没有被真正施行，因为当初大家并没有定下正式的规则，那些指导方针不具备任何约束力，人们可以自行决定什么“是”或什么“不是”可持续性的行为。由于一开始就没有定下规则，因此我们也无法指责是谁真正违反了可持续性原则。当然，想改变一个人的生活方式，使其符合可持续性原则是另一回事；这些指导方针，光是要求个人做到就已经够困难了，更别说提升到国家层面，要求每个人都做到。

然而，环境的可持续性是“洁净”产品的第一项，也是最重要的先决条件，目前它仍需要消费者自行判断。它可能涉及经济现实冲突（和生产商的经济利益冲突），也可能涉及社会公义。人们其实可以计算、判断是否存在可持续性，只是目前相关信息并没有提供给我们，也可以说人们懒得花时间或者无法取得相关信息去判断是否存在可持续性。我们努力想让生产过程的信息公开，例如整个生产过程中生产原料使用的农作方法、生产区域、运输模式、对生物多样性及生态系统是否尊重等，并且让普通大众获取这些信息，这绝对是新美食家的任务，最好的方法是将相关信息标注于标签上。这同时也是一个社会责任的问题，而我们所有人都要分担这个社会责任，判断产品是否具有可持续性。不论是农民、生产加工人员（不论是工业加工还是技术加工），还是有权立法的政治人物、每天购物的一般大众，大家共同分担这个社会责任，确保所有的产品都符合可持续性。

在我们问过自己这个产品是否符合“优质”的条件之后，第二个必须问自己的问题就是：它符合“洁净”原则吗？是具有“可持续性”的产品吗？如果没有办法取得相关信息做判断，那就让我们联合起来，向生产者提出要求，让这些信息能够公开。我们所有人都必须做评估，并且根据我们的评估去做选择，这是确保品质的唯一道路。

立足当下的思考

可持续性

可持续性的理念在这 10 年间发展迅速，回头去看 2005 年写的文章，仿佛我所致力推广的可持续性只是与生态学紧密联系似的。但过去的这些年，我们很多人，做了很多的努力，支持全面的可持续性理念。我们过去这样认为，现在依然这样认为，它是必须符合环境要求的可持续，也是必须遵循经济和社会文化发展规律的可持续，缺一不可，否则就是不完整的。这是实话：对环境的尊重如果与社会文化属性脱节（比如在生态农业耕种时，雇用劳动者权益不受法律保护的外来移民），一定不会持久。如果只在理论上做表面文章，没有找到与之相匹配的合理商业计划，如果参与可持续农业发展的企业找不到经济上的可持续性，就不可能持续发展下去。然而，直到今天，依然有人坚持将可持续性和竞争力这两个概念放在一起进行对比，觉得我们可以放松下来——我对此并不乐观。如果退回去谈钱，仍然有人认为获得竞争力应该以牺牲部分环境和文化为代价，那我只能停下说：不如往后退几步，让我们一起退回去看看先后次序。可持续性理念的本质基础是“优质、洁净和公平”，力求达到这三方面的综合要求。如果还需要针对可持续性理念的教育，那请和我们一起记住：在一个被破坏和牺牲的环境面前谈经济、文化和社会发展，只能是空谈。尤其当我们的食物直接源于大自然的给予时，这显得更为明显，比如捕鱼——被过度捕捞和污染的海洋，以及濒临绝种的海洋生物，都是毫无可持续性可言的渔业带来的后果。只有一个健康的、丰饶的、生态平衡的海洋，才有可能保证渔业的进行，才能承载竞争、文化和美食学的传统。当前提不存在时，文化和经济只能原地等待。在那些只耕耘而不“收获”的生产环境中，游戏规则无二，因为它的基础仍然是自然资源，是应被给予绝对优先权的一切发展的基础。

农业

我们进行环境可持续性调查时发现，破坏环境的主要杀手竟然是农业。从 1950 年开始，工业化农业极大地改变了农村的自然状况，使用杀虫剂及化学肥料的情况大增，原本可以保持土壤活性及肥沃的细菌型微型植物无法生存。人们胡乱开发水资源，栽种产量更高却也更需要水分的品种，这更消耗了大量的水，同时也让原本储水的岩层遭到肥料及杀虫剂的污染。许多地方沙漠化、土壤干裂，过去人们根本不会把这些地方跟这种现象联想在一起。例如，非洲的次撒哈拉地区正经历沙漠化的危险，但与意大利南部的巴西利卡塔沙漠化的危险相比，两者的感觉应该非常不一样。工业化农业不仅让肉类的品质变糟，也导致许多优良品种灭绝，而且这种方式下培育出的动物所排泄的粪便污染了土壤，这些粪便充满了抗生素以及其他被添加到饲料里却无法被分解或吸收的物质。大家想想，为什么这些密集农场的下水道污物处理必须要规范？为什么不能让它们以天然的方式在自然环境中自行循环？它们只是粪肥而已，不是吗？答案很明显，因为它们是有害的，必须规范。有了这样的思维，相信大家可以看出这当中存在的矛盾。

许多地方的乡村越来越工业化，感受不到生命的气息。到处看不到农民，他们越来越像工厂里负责大量生产的工人。原本生动的乡村景观，被划上了一道道无法修补的伤痕，凋零的田野显示出它们在生存搏斗中失败了。顺着田野的方向，可以看到破败不堪的工业化建筑物，还有为保障大量生产而建立的牲口栏，以及用来监视生产地的碍眼的大型机器。空气中弥漫着死气沉沉的气氛，一点儿也没有乡村应有的感觉。

现在，我们需要的是立即改变方向，做思想上的大转变。我们必须削减工业化对农业的影响，必须视地球和自然环境为优先考量的因素。我们不能让地球灭亡，或是让地球像个晚期病人一样，痛苦地维持着生命。不断被压迫的土壤无法适应生产，到最后只有迈向死亡。受到压迫的土壤，将不再是人类与大自然和谐相处关系下的结果，它将成为工业化食物的生产机器，一个可悲的、不能制造幸福的机器。

那么，怎样做才能削减工业化对农业的影响呢？

首先，我们拒绝所有非天然的东西，拒绝引进非可持续性设计，凡是破坏和谐关系的事物，我们都要拒绝。

把杀虫剂和化学肥料当作生产方式，就是非可持续性的。或许它们在某些极端的情况下能发挥一些作用，但我们却不能让地球一直都停留在危险状态，所以一定尽量避免使用。它们对土地和人体健康都有害，更不能延续生命，如果我们继续下去，最后留给子孙的，就只剩下贫瘠的土地。

我们必须拒绝密集生产，不论针对植物还是动物。事实上，我们并不需要扩大生产，我们需要的是改进以及“清理”原有的生产方式。我们不能每年都不断地对土壤或奶牛提出更多的要求，以此提升绩效，我们也不能指望一只鸡只花上自然生长期一半的时间就直接长大。大家要知道，它们不是机器，而是活生生的生命，它们的自然机制不像碾磨机那样可以修理，一旦被打破就不能够修复了。

还有，我们必须赋予当地原生物种以优先权，它们的生存能确保生物多样性，能使自然系统自我平衡。它们是生态系统的一部分，根源于其中，演化于其中，是维护生态系统的保证。它们能确保口味的多样性，它们继承的基因是所有人的遗产，如果能对其加以分类并保存，就能帮助我们找到看似不存在的解决方式。这样的话，现代基因科技就能帮助我们弥补损失，而非更进一步摧毁生物多样性。为了增加产量而创造出来的工业化物种及品种，让生物物种减少，需要耗费大量的天然资源去滋养，所以它们不符合“优质”及“洁净”的原则。

其次，我们不欢迎转基因生物。我不会讨论这些转基因生物对人体健康是否有害，因为目前并没有确凿的证据，这还需要长期的研究；我也不会单纯地停滞于道德考量上，例如，辩论人类是否有权干涉生命，人类应不应该制造在正常情况下不会产生的杂交品种，或者我们能否注册生物专利之类的问题；我更不会讨论它们是否会给农民带来经济效益，虽然根据经验和资料显示，在美国进行的商业化农业可以说是全盘失败。

从环境的角度来看，转基因的生物是不可持续的。不止一项研究显示，如果和那些密集耕种的杂交品种相比较，转基因生物常常会带来更大的冲击。某些种类的转基因生物（例如玉米）特别容易污染传统农作物，它们会侵入其他地域，并散布在环境中。转基因生物乍看像是工业化农业达到顶峰的“完美品种”，它的耐力更强、更高产，是更理想的单一栽培作物。这些转基因生物是生产系统的主要产品，颠覆了自然原则，无论它们是否与环境共容，这个系统都是错误的。

我们也必须拒绝单一栽培，它会让田野及土壤中生物物种变少。过度的单一栽培，使得不论好坏的杂草都一起被移除。为了维护作物的生存空间，进行单一栽培的人除去了存在于原生生态系统中的生物，不论是小树林、树篱、益虫、鸟类，还是两栖动物，几乎每样生物都因为占地数公顷的葡萄园、玉米田、橄榄树丛的发展而消失。即使是有机耕种也有这种情形。所以如果过度进行单一栽培，也会威胁生物多样性。

相同的可持续性原则，也可以应用于一些不需要特别去种植或养育的产品。以渔业为例，也必须遵守可持续原则，不能无止境地消耗渔业资源，到最后造成无法补救的后果。当我们谈到污染、生物多样性减少、因食用目的而过度开发这类议题时，不能忘记海洋中的食物。它们也需要我们关注，因为它们的受损程度，可能比土壤受到的伤害更严重。

最后，削减工业化农业是指拒绝这个系统，不单单是引进跟现代不同的生产技术，例如小规模生产、有机栽种、生物动力学等。因为某种作物即便不涉及使用化学药剂，如果它是工业化农业下的食物生产系统中的一部分，同时还代表简化及利润导向的心态，不考虑环境成本，也不尊重地球及居住其上的生命，那么这种食物也可能是不可持续的。想削减工业化农业，必须在人类与大自然之间建立一种新的关系，接受复杂的研究方法，使用或现代或传统的科学工具，评估新生产模式的可持续性。

食物加工处理

这里所指的食物加工处理，是指食物从原料变成成品的中间过程，包括任何的人为干扰、任何跟加工处理有关的人类行为，例如处理技巧、知识、能力、传统或创新。不用多说，在找寻可持续性被破坏的原因的过程中，我们可以发现食物生产工业是另一个杀手。密集农业为其撑腰，负责消灭并重建产品天然味道及外观的新技术当推进器，再通过全球经销网络补充——这些都让食品工业成为可持续生产的刽子手。有一点要明确的是，并不是要大家为了符合可持续性才将工业化模式全盘消除，而是说我们必须考虑环境成本，将它放进环境的资产负债表里计算，设法以量化方式表示这种成本，把它当成必须支付的成本之一。否则，这种不可持续的情形将无止境地发展下去。

请注意，工业本身并不是不可持续的，也有许多以工业方式制造出的很美好的产品，也有强调环境政策的工业，以尊重员工为宗旨。我们应该要留心的是为了多产目的而利用这些手段的人，因为在那背后，隐藏着更为严重的非可持续性问题。如果美国孟山都公司拨出一小部分利润支持环境可持续性计划，我一点儿都不会感到惊讶，因为现在几乎所有的大型跨国企业都在做相同的事情，这是他们慰藉良心的办法。我希望他们所有的生产过程都具有可持续性，也希望他们能注意到环境及居住在地球上的人，正因为这些大型跨国企业不可持续的生产模式，让地球付出了相当大的代价。如果只是基于慈善的理由，把一部分利润捐给那些因为这些公司而受到伤害的人，以此作为赔偿，我一点儿也不会钦佩。事实上，那些伤害一开始便不应该发生，更不需要事后才来补偿。

不过我们不能把所有的错都归咎于工业化（虽然从生产规模和许多不可持续的粗劣发明来看，大部分的错确实要归咎于它）。我们只要从拒绝这种工业化模式做起，承认一开始看起来无害的做法到头来却是有害的。人类在处理原料时，一定要小心翼翼，绝不能过度。我们必须尊重原始的味道，更应该尊重环境。

依循这样的逻辑，我也想强调那些小型加工处理者的重要性，尤其是那些知名的厨师，他们享有许多特权及媒体曝光率。应该由他们开始提倡可持续的农业，创造有道德的生产循环。另外，还要在自己的工作中寻找采用可持续方式的农夫及手工专业人员（尽可能从身边开始寻找）。而烹饪，身为崇高科学知识的主体，有义务拒绝不是按照自然规律生产的东西。没有遵循自然原则生产的产品，绝不能造就好料理——任何努力想要呈现好的食物、想做到最好的厨师，一定能了解这一点。那么，让他们大声清楚地说出自己的立场，让他们写出菜单上食物的来源，让他们推荐最好的农业及手工专业人员产出的产品。让这种追寻优良产品的目标，成为所有层级在所有场合（包括在自己家里）追求可持续发展的驱动力。

谈到加工处理食物，我们所有人多少都要负一些责任。每当我们购买不尊重各个不同生产阶段环境的产品时，我们便牵连其中了。因此我们要做的是，确认自己知道该产品使用的加工处理方法，要求得到必要的相关信息，让被超低价格吸引的消费者问问自己：到底是什么原因让这种产品的价格这么低廉？要维持产品的低价，需要给多少补贴？食品工业化采用的密集农业，对环境和生物多样性造成多少损害？这样的生产方式及人工药剂的使用，使原本应该要与大自然和谐共存的环境产生了多少污染？

运输成本

食物要“洁净”，不只在农业生产及加工处理层面要符合可持续性，我们常常还会遗漏许多地方，因为我们视这些因素为理所当然，故而忽略了。但事实上，环境成本却隐藏于每个小地方。举例来说，如果食物在当地被生产制造并消耗，便具有可持续性，要比在更远地方生产的所谓有机食物“环保”。这个颇具争议的结论是由伦敦大学的蒂姆·朗教授和埃塞克斯大学的朱尔斯·普雷蒂教授提出的，从最近发表在《食物政策期刊》上的一篇论文里可以看到。

作者从运用科学方法计算“食物里程”的成本开始，这里的“食物里程”，是指食物到达餐桌前所必须经过的距离。他们得到的结论是，如果英国政府能够将人们所消耗食物的产地限制在以自己家为中心、方圆20公里内的话，一年将可为国家省下21亿英镑。以一个典型家庭的预算为例，人们为杀虫剂、排放至大气层中的废气、腐蚀土壤造成的污染、物种减少以及其他对人体健康有影响的污染，付出了数百万英镑的成本。他们还运用英国官方的统计数字，计算食物里程当中每一段旅程的成本（以每一种交通工具每公里需花费多少交通费来计算）——从农场到超市，从超市到家里，非常精确地计算了不同的交通运输形式成本，甚至调查了送货上门以及骑自行车、走路或开车去超市购物等产生的不同成本。

他们的研究结果非常惊人，如果把密集农业方式造成的污染、食物经历的不同旅程、政府支付的农业补贴合计起来，这当中隐藏的成本相当于消费者每一次典型购物（例如买一篮子传统英国农产品）费用的11.8%。而这些多花的成本，当然都转嫁到各个人群了。

其实，过去也曾有人尝试做这类计算，人们也常常谈到环境成本，但这两位学者可以说是第一次精准地量化了这些成本。作者最后给出了具有争议性的建议，认为英国人若能只消费当地生产的传统食物，骑自行车或走路去购物，当中省下的隐藏成本大约是一次典型购物费用的7%。这个数字跟消费欧洲大陆制造的有机食物以及开车去购物是完全相同的。

不论这个建议是否有可称许之处，肯定都能成为很好的头条新闻。当然，最理想的状况是食物是当地的有机产品，不可否认，过去生产者的地理位置所造成的影响被低估了。这份研究的最初目的，原本只是要找出所有食物生产背后隐藏的生态成本，结果他们却意外地发现了食物里程的统计数据，这也是他们始料未及的。

消费者在有机与传统、本地或外地之间所做的选择，对于环境及农业系统影响重大。我必须一再强调，这些可以被量化的信息，必须被视为真正的成本。

如果广泛宣传与食物里程有关的统计数字，一定会影响消费者的行为，而食物上的标签也应该按这个方向修正。现今，在水果、蔬菜、鱼、肉等产品上标明产地已经是厂商的义务，但事实上，我见过许多例子，发现这些食品标签上面的内容都太过笼统。此外，在许多加工过的食物包装上，几乎不可能找到原料的原产地资料。如果每一样信息都能清楚标明，并培养消费者对食物运输成本的意识，那么，我确定用不了多久，便可以看到生产系统重新本地化。

另外，建议政府推动适当的税收、奖励制度并制定适当的政策，这也不失为一个好主意。在标签上把食物里程的价格也体现出来（顺便把生产方式、更详细的成分一并说明，这样能消除消费者对口味的误解），这也是一个极佳的营销手段，对于想借由选择洁净食物，运用自己的消费能力发挥影响力的社区民众而言，这是最好的办法。

限制：以洁净的产品为目标

我已经试着对环境可持续性的主要方面做了简短的概述（社会可持续性留待后面再讨论），不敢说已经做到了全面和详尽，因为这个议题的复杂程度很高，但我已试着让大家注意“可持续”的意义，并向大家综述了那些需要被评估的领域。

做到完全的客观很难，但在有关“洁净”的主题上，我们所能取得的信息，要比讨论“优质”的时候有更多具体的事实。但我们如何在大量信息之中找到方向呢？首先，我们要运用常识，以先前提到过的“受过训练”的自觉性为基础。其次，我们要知道，常识主要受我们对事物了解的极限的影响，我们必须知道如何处理这个极限。我们必须明了：在极限之外，不会存在任何成长及发展的空间；超过极限，只会带来毁灭、长期的经济损失、生态损失，最后只剩下贫瘠的文化。

每种生产都是有极限的。一种蔬菜、一个品种、一个地方及一个生态系统都有其结构性限制，若突破这些限制，势必改变它们的特性。例如，有一种多脂肪的科隆纳塔培根，它只能在意大利托斯卡纳一个叫作科隆纳塔的地方生产，因为当地的气候适合，但我们也不能因此期望不断地扩大生产。原本的地理条件及气候虽然适合生产，但它所能承受的生产量仍有其极限，把生产区域扩张得太大的话，将改变产品的本质，同时产生结构性的限制。我们不能只为了满足生产的需求，便越过极限。我们应该以差异化为目标，以在其他地方生产不同种类的培根为目标。例如，生产方法可以类似，最后赋予它们不同的名字。

想一想那些名副其实的“牛奶机器”——荷斯坦奶牛，和它们比起来，原生奶牛生产极少量的牛奶。但是这些原生奶牛所产的牛奶却有其独特性，所以不应该只是因为想提高产量就将它们替换掉。但我们也不该无止境地增加原生奶牛的数量，它们可能已经习惯于放牧生活，而不能适应其他种类的人工豢养方式。

皮埃蒙特的朗格地区出产很棒的葡萄酒，但也不能只因为它们的葡萄酒在国际市场成功地打开销路，就让朗格成为单一栽种葡萄的地方。在这些盛产名酒的地方，本来就不应该在每一处都种植葡萄。但现在，即使是面朝北的山丘上也都种满了葡萄（过去从来没有人会想要在这个方向种葡萄），现在大家都不管实际状况如何，只依赖肥料及化学杀虫剂让葡萄藤生长。所以土壤被毁坏，越来越干旱，树木、田野、草地、树篱，还有当中所有原本存在的植物及动物都被移除，以便让出空间给葡萄园生长。生物多样性消失，山丘的生态系统被削弱，变成了制造葡萄酒的机器。这样随意地利用土地，很快便严重影响到了当地葡萄酒的生产品质，因为已经超出这里的极限。

食物产品的经销商不应该只为自己方便，就随意把产品从地球的一端运到另一端，如此一来，增加了食物里程的污染，最后可能导致严重失衡。

大家口中的丰沛富足，其实应该有其限制。世界上食物的生产量足够让全世界的人食用，为何我们还要再增加产量呢？我们为何坚持要打破地球的极限？如果继续这样做，只好不断创造出新的极限，直到我们无法挽回。如同诗人朱塞培·翁加雷蒂所写：

> 人啊，在单调乏味的宇宙中
>
> 以为创造越多，拥有越多
>
> 但通过慌乱不安的双手创造出来的
>
> 只是更多的限制，局限了自己

管理极限是迈向可持续性的第一步，这不只是针对环境意识而言。想达成这个目标，我们必须放弃人类进步的唯一标准——经济增长。我们用国民生产总值计算自己和国家的财富，但我更同意印度籍诺贝尔经济学奖得主、福利经济学专家阿玛蒂亚·森的意见，他曾说我们应该开始计算“国民幸福指数”。我们问问自己超出了哪些极限，还有哪些是快要超出的；我们要改变我们的行为，试着管理极限。在原有的极限之内，我们可以发现许多我们想要的成长机会，当然，前提是我们不会凡事以金钱为衡量标准。在极限以内存在着“优质”，全世界的“优质”；在极限之内也存在着“洁净”，存在着一定的品质。

洁净就代表“优质”吗？

洁净、可持续的生产能达到“优质”这个目标。把“洁净”加入考量很重要，因为在任何关于品质的讨论里，它都是基本的概念。没有被贬低或者受到非天然物质破坏的土壤，能够生长出比较好的水果。那些以自然方式豢养，不像密集农场那样被迫加速成长、超越大自然结构性限制的动物，能够产出更有风味的肉类及奶制品，品质远比那些被利用、被“下药”、被悲惨地关在畜栏里、没人关心的动物所产的要好。

还有，没经过太长旅程的产品会比较新鲜，也比较能保留原汁原味。知名主厨艾伦·杜卡斯曾在一次访谈中对我说，假如我花许多钱在巴黎买一条鲱鲤，这条鱼可能会因为来自达喀尔而比较贵，这在经济考量上并不合理；且这条鱼在长途旅行中制造了污染；而经过长途旅行后，它也累了，因此，肉质未必能符合美味的要求。所以，最好的方法莫过于，买一条从法国北部海岸捕捉然后当天早上直接被送到市场上的鳞鲤。

“洁净”为“优质”创造了环境条件，但是洁净不等于优质。一个优质产品未必是洁净的，例如捕食贻贝已经被禁止很多年了，因为贻贝的生长非常缓慢，捕食贻贝会破坏绵延数千米的岩岸，而谁也不能保证此物种能继续存在，但它们却是非常好吃的优质产品。同样地，一个洁净的产品，即使它具备所有成为“优质”产品的先决条件，也可能败在不纯熟的生产者手上，转变成不好的产品。例如，部分有机农产品就是个例子，如果从产品口味的角度来看，它们是完全无法被接受的。我们不能只追求不伤害环境的洁净产品，同时也必须努力达到“优质”这个目标才行。

然而我要再说一次：一个洁净的产品，是具有神奇滋味的；让“洁净”与“优质”这两种价值手牵手、像因果关系般联结在一起。

立足当下的思考

正视国民生产总值减少

本书多次提到，国民生产总值并不能如实反映社会经济状况，但即使在并不太看好用这样的指标来衡量社会福利的文化背景中，总值减少仍是没法振奋人心的。就这点来看，2005 年我们处在另一个时代。假如今天对时间金钱的复杂认知，让我们越发清晰地渴望并努力打造某种未来，我们就应该坚定不移地与塞奇·拉图什教授这样的朋友为伍，他们在此话题涉及的文化教养与哲学方面做出了巨大的贡献。很明显，福利在如今已是一个非常深刻的议题，早已不是可以根据几个夸大的金融数据来衡量的事情。不仅如此，真正的福祉建立在对消费、财富和资源运用的公正分配之上，短视国民生产总值只会让我们离公平越来越远。

这产品是洁净的吗?

一个有品质的产品，需要具备三个基本的、互相依存的先决条件，其中的第二个条件就是洁净，这里指的是对地球及生态系统而言是洁净的。洁净是指可持续的，它不会制造污染，不会做出任何让地球产生生态赤字的事情。可持续性可以经由尊重自然的准则达成，或是借由了解“事事具有极限”的事实达成。其实，无论是人、蔬菜、动物还是生产力，都有其极限。新美食家的任务便是意识到这些极限，学习分辨它们。生产或支持生产那些从产地到餐桌全程都符合可持续性标准的食物。

这是一门必须下功夫的学问，要求取得与我们所吃食物相关的正确信息。这也是一项政治性任务，目的是改善生活品质——洁净本身就可以改善生活的品质。若是还有人不管非可持续生产对土地造成伤害这种实际情况，继续进行与幸福不相容的生产及消费（也因此继续制造着不幸福），那么“洁净”这个条件便更加不可或缺。地球现在奄奄一息，正在加速死亡。

洁净是尊重别人，也是尊重自己，努力确保每个人实践这个标准，是全民任务的一部分。这是美食家关心的议题，能进一步指引我们为子孙后代留下更好的地球，享受食物、知道食物的来源并食用美好的食物，成为一位生态美食家。

立足当下的思考

农夫市集

生于 19 世纪末 20 世纪初的祖辈如果穿越到我们生活的年代，问现在农副产品分销领域的大新闻是什么，我们回答他们说“农夫市集”，那么他们很有可能会笑话我们吧？让时下的人们理解市集并不易，在美国它被称为农夫市集，具有复古意味和创新性。在本章节里提出来，也表明了我在某种意义上的后悔。寥寥几笔的抽象描绘仅能抓住一个方面，即使是现在，也没能全面表现出农夫市集的社会经济影响和革命性的潜力。如今，美国拥有 12 000 多个农夫市集，这不是偶然，它们不仅进入了少数贫穷的居民区，也抵达了低收入的郊区。它表明由美国大量生产商着手进行的和平的革命实现了。新型的农夫市集是重塑城市与农村关系的杰作：在这里，都市居民得以拥有高品质的食物，农村居民得到与城市人口相同的收入和保障；在这里，一种新型文化得以重建，终于打破了只以少数人的利益为导向的无数失衡的状态；在这里，以恢复公众健康为共同利益。一个产品，在它从田间到市场的过程中包含了美、风景、有益健康的水、肥沃的土地、品质、健康和经济，它的售价不可能和与之不同的产品售价相同。与之相悖的产品，通常从土地到超市，留下无数的后债需要偿还——该还的总是要还的，大家迟早得一起偿还。让我们从建立新型的农夫市集开始，重建比目前主导的农业市场体系更好的未来，当然也是回归过去。

[日记10] 绿色加州——有机农业的矛盾

2003年秋，我参加了在加州大学伯克利分校举行的会议，数百名学生、教授及农民出席了此次会议。和我一起参加会议的还有几位好朋友，如凡达娜·席娃、肯塔基的农民诗人温德尔·贝里、伯克利新闻研究所的麦克·波兰，还有美国最受瞩目的主厨爱丽丝·华特斯。我在加州待了大约一周，这段时间我对当地十分强大的有机耕种领域做了更多的了解，也借机访问了农业生态学理论的创始人之一，米格尔·阿尔迪耶里教授。

20世纪80年代早期我第一次来到加州，是为了深入了解加州的葡萄酒产业。但我头一遭忽略了跟这个产业的联络，反而把注意力集中到由于极大地回归传统，农业所取得的良好结果上。农民可以生产出特优的食材，无须求助于化肥及人工粪肥。我非常好奇地想知道这个产业进步到哪种程度，也跟那些领导这小农业革命、反对当时世界盛行潮流的农民们聊了聊。

很巧合的是，这次行程包含了一个“一日拜访”：上午到豪华且非常重要的渡口广场的农产品市场，下午到学校拜访阿尔迪耶里教授。以下就是那一天行程的记录：

凉爽的早晨很早就开始了——如果你要去市场，最迟要在七点前准备好，太阳那时候还不会太大。在主厨朋友爱丽丝的陪同下，我进入码头区装修优雅的一处，许多漂亮的小咖啡店正出售一杯杯温暖、优良、有机、在公平贸易下生产的咖啡。华丽的面包店把店里所有的好东西都摆到外面来，空气中弥漫着优质面包的香气。在搭建的帐篷下，橄榄油和葡萄酒的制造商提供免费试用服务，还有数以百计的露天摊位贩卖着其他优良产品，像水果、蔬菜、鱼、肉、香肠，甚至还有花卉。那些新鲜、看起来健康的食物包装上全都小心仔细地标明了“有机”二字。

人们很容易就在那里花大钱，因为产品的价格很高，差不多是普通产品价格的两三倍。但是，生产出这么好的产品得有多难？想取得“有机”身份，当中会牵涉多少成本呢？我相信农民的智慧以及他们的努力生产是值得我们慷慨付费的，所以我对于价钱并不觉得太震惊，即使这些价格与购买精品的价格差不多。是的，没错，是精品，我很快便了解到自己处在一个极端独特的地方（请大家记住，这里是镇上最古老、最重要的农产品市场）：曾经的嬉皮士、半途辍学的年轻农夫改当商贩，正笑容可掬地招呼客户，大方地提供产品免费试吃。顾客都是那些社会地位非常明确的人，有钱，或非常有钱。

爱丽丝介绍我认识了许多农夫，有富裕的大学毕业生、前硅谷员工，当中许多人都很年轻。同时他们的顾客里有许多似乎是女演员，她们紧抱着刚买来的甜椒、果汁和苹果，像是在炫耀珠宝一样，把购买有机食品当作一种地位的象征。

其中两位生产者特别让我震惊：一位是留着长胡子的年轻人，另一位是在卖橄榄油的人。前者留着长发，穿着法兰绒格纹衬衫，手上抱着他可爱的金发小女儿。他以很神秘的语气告诉我，他开了大约200公里的车来这里卖东西，他的果汁价格高得令人不可思议。售卖果汁对他而言其实是很简单的事情，而且只要每个月来两次，就可以赚足维持家计的开销，还有钱让他在海边冲浪呢！

另一位则打着领带，他向我称赞他美丽的农场：占地数百公顷的橄榄树丛不断延伸，放眼所及只看到橄榄树，没有其他。当我品尝他涂在一片面包上的很棒的有机橄榄油时，想到了好吃得没话说的托斯卡纳面包，想到了种植这些植物必须要连根拔起并清理掉的生物，那些生物可都是有机的呢！

到了下午的时候，我去伯克利见阿尔迪耶里教授。我坐在出租车上，热得汗流浃背（这辆出租车竟没有在美国理应是无所不在的空调），一路上脑海中满是早上那不可思议的农产品市场上的气味、香气，以及农夫的脸孔。阿尔迪耶里教授是一位昆虫学家，他在学校教授农业生态学。他每年有六个月待在加州，剩下六个月则奔波于世界各地，特别是南美，他在那里进行野外研究和开展以家庭为主的可持续有机耕作计划。他是生物多样性的支持者，他的理论认为农业系统就像生态系统一样，同样具有自我调节的所有能力，不需要外在因素，例如杀虫剂、肥料等的干扰。

据阿尔迪耶里教授所说，现有的生物多样性，也就是农民数千年来赖以生存的知识的所在，加上当地居民的常识，是发展具有足够生产力并尊重全世界文化多元性的农业系统的唯一基础。借由结合当地农民的知识与“主流”科学，我们便可能创造出一种洁净、多产的农业，足够养育全人类，同时也能尊重大自然。

在温暖刺眼的阳光下（绿色加州即使在秋天也看得到这样的阳光），我走过美丽的伯克利校园，然后到了阿尔迪耶里教授的小办公室。我出神地听着他的理论，和他用西班牙语对话（他是智利人）一个多小时，我从他的高涨的热情，以及为更好世界努力奋斗的坦率中感受到了乐趣。生物多样性至上，这是发展环境可持续性背后的唯一秘方。他对于在农业上使用化学药品的厌恶是清楚、绝对而且有原因的。他以完全坚定的信仰提出另类的耕作方法，因而在南美，他被视为杰出人物，受到各大学、研究中心、非政府组织和政府的尊敬。

在他看来，我们的主要任务是“推广可持续性农业，发展一个基于社会公正、环境健康、经济上能承受、有文化意识的计划”。

我询问他对于加州发展有机农业的看法，目的是想要测试一下他的农业生态学“极限”。他回答道：

> 有许多有机农业的例子并不符合可持续性，因为它们导致了大量单一栽培的情况，而这种单一栽培需要使用综合杀虫剂，反而会大量破坏周遭的生物多样性。例如在智利及意大利大面积延伸的葡萄园、加州的大型蔬菜园、西班牙数以公顷计的橄榄树丛。

橄榄树丛……我想到了早上见到的那位农民，也想起了家乡南皮埃蒙特的那位葡萄酒制造商朋友。自从巴罗洛葡萄酒热销，之后的几年间他把所有的空地都种上了葡萄藤蔓，即使洼地也不放过，移除了所有的林地与田地，当然，实际上更是移除了周围大多数的物种。

阿尔迪耶里教授继续说着：

> 除了环境方面的问题，也造成了社会经济的问题。现在加州许多有机农业是不符合可持续性的，因为，虽然它们对环境造成的冲击有限，但其存在，却是以消耗那些领取微薄薪水的人为前提，就像传统农业一样。那些雇用墨西哥移民的老板，像奴隶一般剥削他们，工人们没有应有的权利，只能领取微薄的薪资。这是不公平的，因为有机农产品的售价要比传统农产品高太多了。而且只有有钱人能吃得起有机农产品，少数弱势群体在美国是吃不到有机食物的。

他说的这些，在几个小时前已经得到证实，确实是这样的。他继续说下去。

> 在加州，2%的有机产品制造商的产出占这个工业总量的50%。我故意用“工业”这两个字，因为我们正面临和传统农业相同的问题，如生产的集中、对少数族群劳工的剥削、单一栽培、物种的减少，以及由非可持续性的自由市场决定的价格。社会的可持续性可以通过大众干预、政治手段达成。在巴西，由工党控制的区域规定，所有公立餐厅供应的食物，必须是有机的，必须由当地的小生产商制造，并以公平的、

大家可以承担的价格销售。农业生态学有科学的根据，但它也有深奥的政治含义，因为它急需政府干预。农业生态学在拉丁美洲建立，之前一定要先进行土地改革，这也需要政府干预，以保护市场上的小农，或是保证制造商与消费者都能得到公平的价格。所有这些因素都很重要，对科学及政治都有影响。

回到市区的途中，我仔细思考教授的一番话，以及我拜访过的市场。有机耕种无疑是件非常好的事，是工业化农业极佳的替代方案，我并不想找茬儿——早上认识的那些朋友销售的产品那么好。但也许我们应该保持怀疑的态度，现实世界总是很复杂，不能随便给它贴上标签，因为这里存在着风险：在深植着技术专家思想的社会，可能会塑造或影响对立于现行系统的趋势，并因此制造出其他的反常现象。

当城市周围的风景在出租车窗外闪过时，我发现几乎每一个建筑群中，皆有连锁快餐店在成功经营着，每间店里都挤满了普通消费者，和我早上在农产品市场上见到的顾客非常不同。

晚上我回到了伯克利，在朋友爱丽丝的餐厅，我吃到了值得想念的晚餐。晚餐的食材相当新鲜，让你几乎可以感受到几个小时前还活蹦乱跳的蔬菜的生命力。我从未吃过这么好吃的家乡口味的意大利肉饺。伯克利！绿色加州……矛盾万岁！

公平

一个有品质的产品需具备的第三个也是最后一个条件，便是公平。在食物的生产过程中，“公平”这个词含有许多意义，比如社会正义、尊重工作者及其掌握的知识、尊重乡村生活、支付工作者适当的薪水、对优质生产怀抱感谢之心，以及重新评估在历史上社会地位一直处于弱势的农民的价值。

把这些生产食物、种植作物、豢养牲口、把大自然变成食物的人（这些人占世界人口的一半）当作社会的弃儿，让他们在各式困境中挣扎糊口是不对的。世界各地的农民正面临各种问题，他们与农村有不寻常的关系，但只有少数农民能够成功（在这些少数幸运的农民当中，大多数不生产符合“洁净”或“优质”原则的食物）。全球食物系统应该致力于找出对每个人而言都公平的东西，根据世界不同地理区域的特性去研究，但现在这个系统反而只是创造了不公及可怕的艰难状况。

我们对“公平”所下的定义，与社会及经济可持续性等重要概念联系紧密，与生态可持续性相关，从广义上来说，也包含我们在环保描述上所丢失的要素。从社会的角度来说，公平是指平等地对待从事农业的人，尊重那些热爱土地、尊敬土地、视土地为生命之源的人。在皮埃蒙特，人们会说“土地是低下的”这句话，因为农民生活艰辛，所以许多被贬低的农民都想有翻身的机会。商业化的农业让所有农民变成工人、奴隶、贫民，他们的未来更没有希望。

所以，我们必须创造一个新系统，让这些人认同他们扮演的角色，我们绝不能没有农民这个负责生产制造的“社群”。我们必须在这种社群观念和命运、归属观念中建立新的系统。从农民开始，从这些生产社群开始，我们必须建立能对抗现行支配我们系统的全球网络，我们必须让人、土地及食物回归核心，建立一个与大自然和谐共存、尊重多元化的人类食物网络，并推动品质原则，也就是优质、洁净及公平。

社会可持续性

从社会的角度来看，“可持续性”是指确保获取维持生计的粮食、公平的报酬及有尊严的工作，以此提升生活品质，亦指保障世界各地的公平及民主，给予每个人选择未来的权利。至今仍有太多的农民、农场工作者像奴隶一样工作，但他们却没办法在明明可以喂饱每个人的世界中脱离贫穷。

在拉丁美洲，许多地主剥削农场劳工，不给他们任何权利，支付给他们极其微薄的薪水，降低农民的地位，让他们成为受奴役的阶层。在非洲，农民因饥饿而死亡。

在印度，则有农民因为受到商业化农业的打击而自杀。在贸易联盟出现之前，世界许多地方的农业生产和工业生产方式几乎是完全相同的。农夫死于工作，或离开家乡到墨西哥城、圣保罗、新德里、北京等大城市谋生，却过着悲惨的生活；而同一时间，在世界上的富庶区域，想要生产“优质”及“洁净”作物的农民，却发现自己很难跟那些因为享受政府补贴而能承受低价的工业化农业抗衡。这样的系统不合常理，它不允许其他的生产模式存在，最后的结局会是怎样呢？将由谁来生产我们的食物呢？

答案是，农民们可以从错误的深渊拯救世界，让我们给他们机会做做看！

基于社会正义，我们必须替那些为土地工作的人创造一个新的、能再度平衡的制度。对于已经被商业化农业攻陷的地区，我们必须帮小生产者找回尊严，鼓励“洁净”的小规模生产。但想让上述想法成为可能，必须惩罚越过极限的人，政府必须支持新乡村的诞生，或者再生。所谓的新乡村，指的是一个“洁净”、有吸引力的地方，不只是外在美学上的意思，亦指居住起来让人在心理上感觉愉快的地方——在那里生活的品质有保证。目前在商业化农业胜出的地方，不论哪里都死气沉沉，缺乏令人愉快的基本便利设施（例如小型企业、聚会场所，以及能享受自然美景的地方），环境通常看起来也不堪入目。新乡村的主要功能是以乡村的怀旧生活来吸引人，这里也是城市工作者居住的地方，事实上是因为房价比较低（这并不意外，因为这里没有公共交通工具，每个人以车代步。但这堵塞了市中心，使得空气污染更加严重）。所以，在富裕地区建立新乡村是另一个主要目标。

在世界上其他情况非常糟糕的地方，首先一定要对世界贸易组织或世界银行这一类的组织施压，这类组织不仅用商业及经济条款加剧不平衡问题，而且一直努力维持这种状态。目前的状态极度不平衡，我相信我绝对不是第一个责难这些组织的人。其次，我们必须确认政府虽然负债累累但仍会开始努力，设法实现可持续发展，不要受到与商业化农业挂钩的说客的影响。那些说客总是做出不切实际的保证，但其实只是一心想扩张他们的市场罢了。我们需要对某些特定的腐败进行国际性的监管，那些政府利用外界的人道救援让自己变得富裕，导致已经不振的内需市场被毁灭。这类国家的内需市场通常被如潮水般一波波袭来的免费农产品弄得苦不堪言。不可避免的结果，当然是早已贫乏的本地生产系统完全被击溃。我们应该给本地生产一些激励，遵循传统，当然主要目的是自给自足，让所有人对他们自己的食物供给拥有主导权，人们必须能生产他们自己的粮食。

重建世界平衡大概是人们所能想象的最艰巨的任务之一。能够实现改变又不需要放弃品质的方法，相信现在已经非常清楚了：小规模生产，自给自足，作物多样化，重新使用传统方式，完全尊重当地生物多样性以及农业、生态之间有利互动。

经济可持续性

谈到“公平”时，除了从社会学的角度来看，也要从经济学的角度评估。之前我曾经提过对农民支付公平薪酬的观念：只花七八美元买到一升橄榄油是不可能的，如果真有这么便宜的价格，那就说明农民没有被公平地支付薪酬，或生产成本比售价高，表示在食物生产线上的某处一定发生了不公平的事情。让在加州打工的非法墨西哥移民领取微薄的工资是不公平的；让没办法自己种植蔬菜的印度农民，面对西方受补贴的产品或市场倾销，卷入不公平的竞争，更是不公平的。

从这个观点来看，公平贸易市场机制便做得很好。它将不同方法引入食物经济学，虽然我认为它还要结合生产社群中结构性的干预，而非只局限于一个固定的公平售价，但它仍然值得鼓励及尊重。公平贸易绝不能忽略品质的另外两个必要条件，那就是“洁净”和“优质”。有时候这两个条件会被遗忘，若果真如此，那就是在这场努力改变市场上不公平传统的奋战中一个最糟糕的反面宣传。

还有另外一种经济，能把我们带回社会正义层面。全球金融世界是跨国企业及不公平贸易的战场，它让金钱成为难以理解的无形实体。资本并没有“耐性”，人们不会把资金投在保证社会正义及救助农民，或是减少环境冲击的事业上，一次股市交易的金钱流动，就可以决定数以万计的农民的命运。我们需要一种比较慢、更具“耐心”的投资政策，也就是一个可持续农业社群的投资模式，要能让农民有时间慢慢种植，不期待立即收获利润。让经济慢下来，是指让大家脚踏实地。身为主要国际金融组织的世界银行，应该记下这些问题并采取行动。把西方自由市场的财务经济模式强加给那些组织机构、和西方非常不同的国家，只会带给他们沉重的债务负担，把他们逼入无法自行解脱的罪恶之中。

我们必须让金钱回归现实层面，让想耕耘土地的年轻人获取金钱报酬，这样才能激发乡村的生命力，让世界财富均衡，让小农夫与大资本家这两条平行线改变方向，产生交集。

立足当下的思考

食物的价格

还是回到价格的问题上，因为这是农业质量探讨的核心话题之一。在每个关于可持续性、生态学、食物营养品质的会议的尾声，第一个举手提问的听众总会提出："我承认您讲的在理论上是正确的，但之后人们必须按口袋里的钱去算经济账，如果不去超市购买那些廉价的食物，很多家庭并没有那么多钱去买菜。"从表面上看，这显得合情合理。但这实际上是在支持保留污染的、病态的、制造不公的农业运行，这样的低价背后，有多少是不尊重劳动法而对农户进行压榨和强权经济的结果？又是为了把这样的产品分配给谁呢？给那些处于社会中最弱势地位的群体？持有这种观点的人，在某个时刻感觉自己是受压迫者的捍卫者，与那些只考虑"吃得起"的有钱人抗争。保卫得好，无话可说！但相反，纵使我知道这极容易被指责为乌托邦话题，低品质食物的成本还是高得惊人。这首先反映在消费它的群体上，很快，随之而来的是反映在所有人身上。每一个方面的成本：环境的、经济的和社会的。因为我们所讲到的关于可持续性的理念，需要在各个层面得以完美地实施，它与不考虑环境、经济和社会成本的"没有出路的非可持续性理论"犹如两条平行线。一个产品真实完整的价格构成，必须考虑产品在产出过程中的方方面面。消费者也应该重新学习产品实际的造价，需要从正反两面去考虑定价。没人富有到可以接受劣质食物的成本——没有人，即使是穷人，也不是非得吃有害的食物；每个人都有权利吃既有益于身体健康又能保护地球的食物。过去的 10 年，在美国也是由慢食运动引发的“慢钱运动”发展的 10 年。慢钱运动正在成功地探索一种与新型的生产和消费形态相匹配的新型经济模式，以保护唯一的地球，不能只一味地索取能源而造成生态系统的各种伤害。在这个模式中，企业的风险由投资人和生产者共同分担；目前最新的进展是，不仅有很多大型财团参与投资，很多微小型投资人和小储户也积极加入到这个运动中。我所描述的这些仿佛是一种充满耐心、充满尊重的资本，它看似缓慢，但定能为我们拥有最好的食物和地球做出贡献。

耕种者的土地

回归大地的想法，预设着真的可能达到的目的。世上许多地方的农民放弃自己的土地，把土地卖给从事密集农业的地主；剩下少数还在坚持的农民，他们的小小土地被“现代化”方法造成的化学污染团团围住。在许多国家，农民仍然等待着土地改革，开放未耕地让他们耕种（例如在巴西，那里有一项“无土地者”运动，此运动有200多万名成员），并营造能让他们耕种自己小小土地的环境，让他们不至于被商业化农业的强大力量击溃。即使在世界上的富裕地区，也很难做到回归土地怀抱这件事，因为年轻人没办法筹到资金购买土地，农民通常在大公司租来的土地上工作，所以没办法借由从事生产优质、洁净、公平产品的小规模农业，产生任何长期的影响力。

土地所有权的问题在世界各地仍然非常严重，而想寻找“公平”的产品，意味着必须拒绝现有生产系统所带来的结果。这些生产系统造成了令人遗憾的情况，通常耕种的人无法拥有土地，也无法自由选择他们所偏爱的农耕方式。

永远都是马车的最后一只轮子

有一句意大利俗语贴切地形容了历史上农民的状况，那句话说农民一直都是“马车的最后一只轮子”，是社会的最底层。农民要么替地主工作，要么就是为统治阶级工作，就像封建制度阶级的区分一样，军人和神职人员在最高层，而为生计工作的农民则在最底层，总是为那些不愿因生产食物而弄脏双手的所谓社会精英工作。无论他们是否拥有土地，地位一直都是次要的。无论统治方式如何，或改朝换代或改变文化背景，农民们类似马车最后一只轮子的地位却始终不变地一直流传下来。即使在今天，情况也没有不一样，如果我们把世界视为一个整体，这种次级地位只是从一个区域转移到另一个区域，以不同的方式显现。时代的进步改变了“统治方式”的形态及技巧，但生产食物、喂饱大众的农民却永远都处在底层。

因此我们必须区分出两大团体：一个是有钱但“分裂”的西方世界，另一个则是被西方控制的发展中国家，同样正经历剧变。

在西方世界发生的这类“怪异行为”，源自于非常特别的二元论，它解决了西方世界自己的食物供给问题，阶级区分也减少到几乎消失。一方面，一些有钱的农民致力于工业化农业的生产模式，生产大量普通的食物给穷人，或至少是给没那么有钱的人食用；另一方面，也有一些农民奋力生产高品质食物，却发现竞争压力让他们没办法过有尊严的生活（除了少数葡萄酒商）。后者生产食物给有钱的精英分子，因为那些人能负担得起来自千里之外的劳动果实。如果还要考虑社会正义的话，那么在有钱的西方世界，情况就更复杂了。如果要支持生产好品质食物的农民，就会伤害到那些借由大规模密集生产谋生者的利益，这样算公平吗？不过事实上，这部分的问题似乎会自行平衡，找到解决方式。我们已经见证过，当世界上出现一种趋势时，一定会产生另一种相反的趋势；我们也看到全球化如何吊诡地让大家对多样性和本地生产产生兴趣。不过，这种二元论现在似乎正逐渐式微，也因此给了大家一些空间，可以根据产品的优点做选择。家庭食物的预算影响明显减少，也就是说，我们现在能有较多的收入，作为支持好品质的产品之用。可选择的东西增加，在这种背景下，任何需要食物的人，在充分了解品质的三个标准条件后，便很适合带动改变。即使是工业化农业系统生存所仰赖的补贴政策，也开始逐渐品质化，这点可以从欧盟迈出实验性的第一步，也就是共同农业政策的改革上看出。消费者若能坚持挑选优质、洁净及公平的产品，也能发挥影响力。而新美食家的任务，是让大家注意自己的购买行为，并培养意识。这样一来，系统才能恢复平衡。

然而，西方世界也必须考量地球上的其他地区。尤其不应该把农业模式下的多余产出倾销给所谓的发展中国家，因为这从任何角度来看都不符合可持续性原则。发展中国家须借由寻找自己食物的主权，找出自己的路。西方能做的，最多就是帮助他们，但要避免类似“发现”美洲的西班牙征服者的角度，避免用那种以西方为中心的观点看待问题。

虽然有一些发展中国家因为同样有许多问题及受到不公平待遇而联合起来，但不同的区域也显现出不同程度的农业发展水平。像非洲，虽然最先遭到殖民主义侵略，但后来几乎是自生自灭。殖民者让他们自己进行内战，不认为当地的美食值得尊重，于是就把以往的美食及耕种方式都废除掉，而那些耕作方法虽然非常基础，但如果适当地从旁协助，不加以阻碍，却具有完美的自我演化能力。在其他各地，若从农业美食的角度来看，殖民并不具有毁灭性，而且能创造出新的融合（就像美洲的融合，或是美洲及欧洲的融合），这种新融合至少能保存一部分当地的农业文化。但没多久，工业化农业模式出现，巴西、印度、墨西哥等发展中国家很快便付出社会阶层明显两极化以及许多区域贫苦不堪的代价了。

与优质、洁净紧密相连的社会正义，才是发展的唯一可行之道。这三个品质准则在世界上不同的地方会以不同方式组合。但无论如何，它们是三个最重要的准则，借由这三点，加上新工具和新美食家的态度，我们必须一点一滴地建立让地球受益的新模式。

这是公平的吗?

好品质的第三项条件是“公平”，是指对人类公平，对社会公平。“公平”是可持续的，它能创造财富，在人类世界中建立公正合理的秩序，正义可以借由尊重农民、工匠以及他们的工作所得。新美食家的任务，在于评估全世界数百万农民的生活状况（特别是住得离自己家很近的农民），了解这些农民，支持“洁净”及“优质”的生产，保证他们能借由“公平贸易”的价格得到公平的薪酬。

若有任何人被收买，忽略了世界的复杂性，进而不负责任且不公平地消耗食物，完全不在乎社会正义，那我必须说，这更让公平成为不可或缺的要件。人类的精英阶层，必须由生产食物的人组成，而不是由消费食物的人组成。

公平亦指尊重他人，我们的另一项公民任务是确保人人追求公平，这也是美食家关心的重点。如此，方能引导我们成为新美食家，了解自己必须留给下一代更美好的地球，并在这种自觉下享受食物、了解食物、食用食物。

立足当下的思考

优质、洁净、公平：一个口号的成功

“优质、洁净、公平”，我喜欢把它作为这10年来最幸运的口号。这本书第一版一面世就迅速被大众喜爱。虽然这并不表示它的所有含义都被立即理解，但这表达了一个共同的想法：我们的食物应该令人愉快，应该有益于地球，应该符合公正原则。这是一个模糊的概念，过去不曾被看到，直至现在也未能被看全的，正是本书所覆盖的话题范围。实际上有一件事情屡屡发生，我每每想起来就觉得好笑，人们纷纷给这个口号增添了各式各样我从未应允的版本：“优质、健康和洁净”，“优质、洁净和原生态”，“优质、公正和营养”，“优质、洁净和价格公正”……不胜枚举，根据发言者在发言时的想法花式创新。成千上万的各式版本在造成小小的困扰之外，或多或少还是让人记得其初衷——一个根本认知：食物，若要有品质，就不能同时有大量其他的要求。我们总是对食物要求甚多：我们要求它在当下有好味道的同时，长期来看还得有益于健康；我们要求它能汲取大自然的能量，同时还能修复它所消耗的能量；我们要求它价格可接受，同时还得承担生产者的付出。我们交给它们无数不可能完成的任务，但只要我们把它生产出来，并加以严谨的选择，所有这些看似不可能完成的任务都能实现。

第 4 章

三个概念的实践

[日记11] 纽约及“美味工作坊”

1991年，万豪酒店的会议室出现了一番不寻常的景象。我们在纽约市中心，位于时代广场，和上千名民众簇拥着，坐在一起品尝巴巴莱斯克不同季节所产的葡萄酒。台上是传奇酒商安吉洛·盖亚和《美酒鉴赏家》杂志的编辑，他们正向大家解释皮埃蒙特的地方特色，介绍葡萄藤，还有酿酒的技巧。席间一位美国人问了一个令我难忘的问题，他说：“阿尔巴镇在佛罗伦萨附近，对吧？”显然美国人和意大利人的空间概念很不相同。这个关于皮埃蒙特葡萄酒的圆桌会议很快就在主讲人的指引下以一种口味比较的形式呈现，每个参加者都可以亲自品尝到不同产品间的细微口味差异。

人们尊敬地专注倾听，仿佛是大学时代杰出人士来校演讲的情景。我感到相当讶异，了解到这次活动不只是酒类的营销，也是一个凝聚共识的时刻，具有伟大的文化意义。那是我第一次参与把味觉、嗅觉敏感度以及有关生产方法的信息结合起来的活动，我深信，这次活动不仅可以复制到意大利及世界上其他跟酒相关的活动中，同时也可以成为其他食品适用的模式。这样的话，那何不替奶酪、猪肉、某位厨师的特餐、鱼肉或水果等产品，也举办类似的讨论及美味比较活动呢？何不把参加讨论的人——生产商、农夫、渔夫及工匠，视为真正与产品有关的经验及知识的宝库呢？

这种方法被当成公式编写下来，也等于做了实验。1994年，慢食协会参加意大利维罗纳国际葡萄酒暨烈酒展，首度正式采用这种方式。该展为意大利首要的酒展，慢食协会每年都会参加在维罗纳举办的活动，也不停地把新观念带到展览之中，试着使“美食学”的空间变得活泼生动。那一年，我们设计了一个“豪华菜车”活动，这是我们第一个重要的计划，目的不只是着重酒及餐厅的主题，也着重于世界各地的食物生产。“豪华菜车”活动就是后来“品味沙龙”的缩影，这是世界上最大的食物及酒类展示活动，目前由慢食协会及皮埃蒙特地区议会联合举办，每两年一次。在这项活动中，我们开始了“美味工作坊”活动，后来美味工作坊成为整个慢食运动当中最具代表性的活动形式。

即使到现在，每一次“品味沙龙”盛宴的参加人数皆超过3万。他们参与了其中200到300个“美味工作坊”，这些人就像我第一次在纽约遇见的人们，带着关注及尊重参加活动，到现在我还是几乎不敢相信。在我看来，这是慢食协会对美食、食材以及口味等教育做过的最伟大贡献，它让生产者表达自己的方式（包括表达的语言）发生了根本改变，在众多生产者当中区别出最好的，把口味比较活动带到了一个科学的境界。虽然这个活动生动又好玩，看起来似乎和科学一点儿相似之处都没有。它却能为参加者提供说明解释，不会宣称哪些是固定客观的标准。

这种教育方式如此深入慢食协会的运作模式，也影响了意大利波冷佐的美食科技大学的课程设置。随着时间的流逝，新的原创经验、深度旅游等也丰富了这种教育方式，对我们来说，在产品的真正产地成立这些工作坊，将更具有意义。

而这一切竟都是从15年前在万豪酒店那个拥挤的会议室里开始的。

教育

美食家把知识当作口号。这是一门涉及感性与理性、横跨多学科的复杂知识，涵盖所有文化，是一门开放和平但却仍坚持必须把事实透明公开化的知识。优质、洁净、公平是这门知识的基石，需要投入大量认知上的努力、大量的知识分享，更需要美食家改变当前研究食物的方法。首先重建食物的中心地位，让自己具备所需的技能，才能充分向全世界表明：人类有权利选择自己的食物，有权利与他们的文化和自然环境和谐共存。

美食家的最终目标是快乐、幸福。这是一种自觉性的快乐，不限于单纯的享受。我们懂得的知识越多，感受到的快乐也就越多，随时准备好在餐桌上与别人交流、讨论及分享。

然而，如今美食家的知识却也是迈向幸福的主要障碍。因为它和享乐（享受口味）一起被否定，不能拿到台面上沟通交流，是不被需要的。

美食家将会发现自己是“少数民族”，他必须设法尽其所能，不论何时何地，努力地取得知识。这些知识可能是来自那些从事小规模生产的农民，特别是那些愿意跟他谈论自己的农民；可能是来自愿意和美食家分享的，热爱优质、洁净、公平原则的朋友；可能是来自厨师，他们是最能表现美食文化的人；也可能来自工匠及以自然方法处理食物的人；甚至可能来自拥有与美食相关的各种不同学问的专家。当然，前提是他们也必须具备身为美食家的敏感度。

这个学习过程留给有创造力、有热情、有意志力及有经济能力的每一个美食家，这个过程还需要保持感官的清醒、知觉的敏锐，以及训练有素的欲望。这些是学校不会教授的知识，也没有通识课程，你等于被降级，必须一点一滴到处搜集知识碎片。不论何时何地，你要试着把这些碎片自行拼凑起来，再经由和他人交换意见，持续不断地进行个人的研究。

直至今日，美食家一直靠自学，他们自行决定在哪里学习、怎么学、什么时候学，以及跟谁学。美食家的知识完全是个人欲望的结果，由最多样化的渴望所驱动，但并不一定是社会视之为最崇高的那些渴望。一个人从最简单也是最原始的、想要享受食物的欲望出发，进而达到特定的美食意识，并不稀奇。这种原始的欲望虽然常会招致偏见，却也非常自然，就像追寻知识一样正常。

想了解食物系统的复杂性，必须通过教育、研究以及感官的练习。所以说，合理地追求快乐绝不应该遭受批评、贬低和压抑，追求快乐是需要被训练的。

这是新美食学的一大挑战，我们需要终身学习的系统，让所有年龄层的人都能学习：让孩子们有权学习如何利用他们的感官，知道食物如何制造及从何而来；让已经不能提供烹饪教育的家长及老师能够学习；让“消费者”能够要求选择最好、最有品质的产品；让食物世界的生产者及经营者想要改良，并重新定义他们的专业技能；让不能适应这世界急遽改变的长辈们也能一起学习。

我们提供必需的工具，传达相关的信息，教导人们如何观察以及理解；我们必须让人们拥有敏锐的感觉，培养对美食价值的喜爱及兴趣；我们必须能掌控美食的意义及方法的关键，为心理及实际操作做适当的准备。

美食家不能再屈服于自行奋斗的环境中，不该独自对抗标准化的食物、非可持续性的人工陷阱、美味与生物多样性的逝去。我们必须在更糟的时候就帮助他们，指导、鼓励他们，取得天生就该有的感觉。

感官及感官的敏锐度、用餐及教育、经验及信息，这些步骤皆能帮助我们掌握现实，享受追求快乐的权利，并通过人类唯一不可取代的资源——食物，追求幸福。

从自学自修，到“训练有素”的教育网络

我个人的美食经验，就像自萨瓦兰以来的每一位现代美食家一样，一直都是非常私人化的。为了想要更完整地体会食物及生活，喜欢可以与我一起分享美食热忱的人做伴；因为好奇心，想要知道食物的历史，不论是从自己的家乡开始，还是地球最遥远的角落，我都想知道。除了参加过一次很棒的品酒课程外，我并没有受过正式的美食教育。那次课程是在法国勃艮第地区的波恩举行的，有世界上最伟大的生产者及品酒师参与，这门课程比其他任何事物都更能启发我，驱使我想要得到更多知识。唤醒我的感官，体会酒的香气、色泽及味道，这是一种品酒比较，以研究

不同葡萄的特点。

经过这样的训练，从对酒的知觉感官开始分析，到对食物的知觉感官分析，两者间的距离就不远了。当知觉再度觉醒，你就不可能不注意到食物的特质。

由此，我恢复了自己的味觉，也塑造了味觉，增加了求知的欲望。从品尝、从简单的美食评论获得成长，我了解了食材及生产技术的重要性，接下来我想要去面对面接触，了解生产商、牧场及第一手的生产技术。这时候，我必须知道关于农业学、农牧业管理、烹饪、工业及传统技艺等更多的知识。了解了技巧上的些许不同，就能表现出口味的不同、各式品种间的不同，也会改变烹饪的方式，最后的成品也会有所改变。食材及产品生产技术的知识，在我看来是最基本的条件。光是分析最后的成品已经不够了，我们还需要了解产品的历史才行。

从这里开始，通过持续地追踪信息，我可以容易地了解到：目前盛行的口味同一化，其原因是食材及技术皆受到同一化的影响，而后者是生产系统过度工业化所导致的。我无法再找到某些特定的口味，我告诉自己也许再也没办法体验这些美味了，因为生物多样性在我眼前消失了——当然，伴随着它的消失还带来了不愉快及应受的谴责。工业的方法、不计后果的生产、不考量口味及不断受污染的土壤，这些启发我产生了提出可持续标准的想法。接下来，即将展开另一种信息的追寻，把搜寻领域扩大到全世界，以面对这一新观念的复杂性。

如果产品本身及口味是不停地交流及深度合作的结果，那么我们当然不只需要捍卫生物多样性，以及濒临绝种的产品，同时也应该捍卫人类、捍卫生产食物的社群才对。那么，为何不把他们联结成一个网络呢？何不创造一种服务，让我们能接触他们、倾听他们，让他们彼此能沟通，然后在他们需要的时候帮助他们呢？这时就需要另一个层面的教育，也就是社会研究——对于团结、交流形式的研究，以及教育网络的研究。

过去几年来，整体情况改变很多。从纯粹的感官练习开始，这种研究精神引领我们进行了一场重要的战役，对抗了乡村世界苦恼不已的不公平行为。

但是，一开始若是没有那些享乐及美味的火花，也许什么事都不会发生，至少这个过程在最后不会到达这么完整的阶段。2004 年 10 月 20 至 23 日，来自 130 个国家的约 500 位农民、渔民和游牧部落的族人，以及 1 000 个食物社群加工处理者，齐聚都灵的拉佛洛广场饭店，这就是“大地母亲”活动。这个活动是建立美食科学教育过程的最后阶段，只有重新唤起我们自己的知觉能力，才能真正了解一些议题。这是一场反向的旅程，是那些好战的环保斗士或人权斗士可以采取的路径，也是一场发自内心让我们接受世界的旅程。

分享这些现实世界体现的价值标准，是一个人对文化尊严及食物生产系统的坚持，人类及地球皆蒙受其益，最终势必导向一个全球性的美食家网络。这种美食家，不是那种从一家餐厅吃到另一家餐厅、到处发表评论、评分而且自视甚高的评论家，他们是生产、食用、联结并彼此帮助的新美食家。

如果没有终身教育，这些都无法达成。美味与食物，农业与环境，传统及食物领域的创新，这些美食知识的教育太重要了。但是，如何传授给大众呢？

改变模式，从学校开始

如果说美食家靠自学，那是指从来都没有正式教育机构能够帮助他们。的确，如果从营养学教育的观点来看，学校存在严重的缺失。美食学从来不是以研究主题而存在（虽然这是我们要达到的目标之一），学生们只被教导一些肤浅的营养概念，结果常常适得其反。使用的教材通常不正确又无聊、重复性高且抽象，被所有年龄层的学生视为强迫教育，所以没有学习意愿。一般来说，这种课程只限于各种营养成分的一览表，和告诉你什么对你“好”、什么对你“不好”。而学生们最喜欢的产品，却往往是对他们不好的，因为那些产品用了大量的人工甜味剂。但光说这些产品不好，禁止学生们吃，并没有教授学生什么知识，反而只会让他们抗拒这种形式的教学。当然，也有由纯技术性忠告构成的布道式课程，但常常沦为一些教授生物机能和基本卫生规则的课程。

享乐的原则更是刻意被忽略，甚至根本没被列入考虑。虽然营养规则无疑是正确且需要解释的，但单靠它们是不够的。在这个美味已经标准化、某些种类的食物已经消失的世界里，我们跟食物的直接关系更加微弱，中间更存在着数不尽的人为干预及障碍。所以，我们必须让美味恢复过去原有的中心地位，并且要在所有学校里以实用的方式传授。

告诉孩子们食材从哪里来，让他们能切实触摸、处理、烹煮，最后再吃进肚子，这是教授他们关于食物及美味最有效率的方式。引导他们的感觉能力，教他们如何辨识，让他们能理解、欣赏属于自己生长区域的产品及传统烹饪法。教他们关于自己所属区域的营养文化，让他们有足够的知识去选择，能区别、购买及评估不同种类的食物。

这个依据口味及其与食材的直接关系建立的教育模式，并不是唯一的模式，它并不能取代营养学家及以健康为目的的教学手段。我们需要的是这中间缺少的、从小就用来训练孩子认知世界的那些环节。有关运用感官能力的方法，已经有人写过，这也是一个革命性的创举，它产生的影响力甚至远超过人们最乐观的期待。

谈到学校的食物及口味教育，依据慢食协会在意大利、德国、美国、日本证实的经验，孩子们很容易接受与享乐原则相关的教育方式，因为他们对令人惊奇的事物的接受能力，以及像白纸一样的感官能力，让他们能没有偏见地接受任何事物。所以，他们会很高兴地品尝不同口味的奶酪，学习它的生产过程，并区分没有经过巴氏杀菌法处理的牛奶与经过巴氏杀菌法处理的牛奶制作出的产品有何不同。

但这不是现在的孩子们能取得的唯一直接、充满欢乐及实用的方法。慢食协会的成功经验（在澳大利亚、美国、意大利的经验）让“学校菜园”的观念崛起。这是指在学校里腾出一小块地种植蔬菜，让学生们学习自己种植食物，让学生了解四季变化的特征，撷取果实去品尝、烹煮，判断这些食材，并跟超市里的产品做比较。他们的感官能力因此变得强大，可以领悟地球与生态系统的关系。孩子们能取得那些原本和食物生产密切相关的人（在乡村中）才拥有的自然知识，因此他们能突破现今饮食环境产生的限制，像是当地饮食模式的改变、工业化农业产品的扩展、家庭料理的消失、快餐机构的扩展（这些机构持续不断地用极具吸引力的广告，以及各式各样的小玩具讨好孩子们）。

我们迫切需要关于感官及“土地”的教育。我们的教育目标是，要从孩子小时候就提供给他们必需的工具，让他们了解真实的世界，找出自己的定位。学校若未能教授孩子关于享乐、美食、食物处理、基础农业以及属于他们自我认同的营养文化，绝对是不可取的。

持续不断的教育

在文化传统上，对美食及食物的疏忽起源于学校，这是不争的事实；而教育必须是持续且终身的，不应该只限于孩童时期所学到的皮毛，这也是事实。食物的生产及食物的消费形成隔离，意味着过去两三代人，看到了两者间的脐带被切断，这脐带原本为地球及其产品提供联结，让任何足够幸运的人可以亲眼看到食物生产的不同阶段，例如作物的种植、牲畜的豢养以及之后的加工处理。已经有两代人在工业产品的阴影下成长，他们不再有能力辨别各式食品，不知道食物是怎么制造出来的。在许多情况下，他们甚至没办法把食材与最后的成品联想在一起。

所以，我们必须要从学校开始，尤其要从老师开始。许多老师没有准备好教授这些课程，他们当中有许多人本身便是缺乏美食知识的那一代。因此，新的教育方法必须先传授给老师，也要传授给家长，不管是年轻还是年长的家长，还有那些对美味已经没有感觉、属于饮食工业革命后的第一代小孩。我不想怪罪任何人，但是过去的50年间，社会上发生的美食文化灭绝，现在几乎影响到每一个人了。

这是给每个人的警示，一定要再度学习美食的知识。我们必须创造能让这个知识传递下去的环境。所以学校也必须推广美食教育的方案，不论是夜间课程还是由生产商举办的试吃活动，任何好玩有趣，能教授我们新的、不同的、完整的及各种复杂知识的活动，都应该持续办下去。

为了达成这个目标，慢食协会创建了“美味工作坊”及“食物大师”课程。“美味工作坊”是关于味道品尝的课程，由生产者或是感官分析师、生产专家主办。在这个活动中，人们挑选非常优质的产品，然后进行产品比较，讨论美食的各种不同层面。这门课程把美味从营养的意义（没有人是去“美味工作坊”吃东西的）中分离出来，让刺激感官的学习经验成为可能，让对产品特色非常清楚的人指导大家。课程内容包括味觉分析、生产方式的描述、相关区域地理位置的报告，或是该区域的生活面貌及生产商的技术。活动营造出友善、愉快的讨论空间，没有技术性的行话，只有正确的美食多重学问的分析。这是一次有人指导的快乐体验，包含了非常丰富的知识。

食物大师课程则设计成一系列的研讨会和不同种类食物（如面包、意大利面、肉、奶酪、油等）的理论性演讲。它有点像是国民课程，遍布整个意大利（课程由慢食协会的地区机构举办），目的是提供美味及大多数食物生产方式的知识基础。课程共有 20 个科目，全部结束后会颁发一张证书给完成所有课程的人。

这两种课程不像传统的品酒或烹饪课，它们的重点主要集中于感官知觉的分析，作为了解食物的方法，作为评估生产过程、风土及技术差异的基础。感官知觉分析和生产流程的分析，能够带给参加课程的人一种新的观念，改变他们心中对食物的认识倾向，为一种崭新及更具自觉性的饮食之道打下基础。寻求快乐再度成为中心，并且反映在课程风格上，这些课程虽然是非正式的，但是精确地讲解了味道的理论，品尝的方式也是严肃的；它们虽然好玩有趣，却也富含观念、故事、技巧及文化刺激在内。它们用了一种清晰易懂的方式，勾起人们对食物的好奇心，使人们对美食及环境的主题敏感，让他们有机会和生产者见面交谈。

我引用这些例子并不是为了强迫每个人都去参加“美味工作坊”或者“食物大师”课程，重点在于，我们应该在不同时段为各个年龄层的人提供令人愉悦的教育机会。这些课程应该包含讨论食物的新方法、新的美食语言，更贴近普通人、更明确地说明我们与食物之间存在关系的基本事实。例如，跟生产者见面是很重要的，我们能直接从美食知识的源头汲取那些通常我们不太会接触到的知识，不论是因为不愿意还是没有办法取得那些知识。

使用清楚的语言、不要有太多的美食家修饰语或专业术语，是让美食学回春的第一步。“让美食学成为终身教育的主体”，我们每次吃东西的时候，这一点就会更明确。好玩的语言让人产生与众不同及轻松学习的感觉：即使是帮工作坊取个生动的名称，都代表着课程不会无聊；参加者可以品尝食物、学习相关的生产技巧，在非正式的气氛中了解生产者；而课程运用日常生活的语言讲解，方式简单有趣，不会让人感觉无聊或是像傻瓜一样听不进去。

飞得更高，没有低人一等的感觉

知觉感官的分析、生产方式及口味比较的学习，是美食学、食物及美味教育的基础，这是学校及社会整体所缺乏的。改变食物系统的策略，需从各个阶层、各个年龄层的公私立学校课程开始。这些课程的创立是为了重新获取明晰的知觉感官、判断食物的准则，以及美食文化的元素。

然而在这个基础教育层次之上，若想重建食物在社会上的中心地位，并让它在各地都能被视为促进文化和经济成长，以及改善生活品质的工具，另外还有一些重点教育目标必须达到。我们已经知道品质必须符合三个先决条件——优质、洁净、公平。除了烹饪的乐趣及自我练习之外，还有许多方面和食物生产相关，比如生产方式及可持续性，无论是生态、经济，还是社会的可持续性。显然，单靠教导人们去品尝、区别及解释生产技术的课程是不够的。为了能做出有品质的选择，消费者必须能自行运用、区分品质所需的信息，在这个过程中，我们不一定能得到全面的帮助；而食物标识系统也常常不正确或很难懂，在追踪产品的生产过程当中，我们常常被迫中断，或被一些隐藏在角落的可疑之处及奇怪的商业操作欺骗。从许多例子来看，根本不可能回溯到最初的原料上，无法得知生产的环境成本，更不可能知道社会正义的层次是否不知不觉地在一些地方造成了失误。因为就算真的有不公平的地方，肯定也不会标在食品上面。

这个教育过程是有风险的，一方面可能找不到对判断或选择很重要的因素，另一方面则局限于评估少数的产品，而非检验日常生活中的做法。因此，必须不断激发我们的好奇心：对“美食”品质的全面性感兴趣，想知道更多，确保信息不被隐藏，生产过程尽可能透明化。

第二个教育层次，就是上述对品质的选择如何落实到消费者每天购物及用餐的行为之中。由于选择必须依靠大量与食物相关的信息，因此消费者可以主动要求获取这些信息，然后加以运用。

第三个教育层次，也是最高的目标，便是从学术的高度认可美食学地位，使其成为整体知识世界的一部分。如果我们接受美食学是一门科学，认为它不单是自学者的个人兴趣，更是一门跨学科的科学知识，那我们就要熟悉与其相关的各种不同的学科，这样的一门科学必须完全得到认可，并可以在大学里研究及传授。

现在，第一所美食学大学已经成立，就是波冷佐的美食科技大学。这所大学主要由慢食协会支持——对于我一直不断提到慢食协会这件事，先向大家说声抱歉，这实在是因为慢食协会的宗旨便是我在此阐述的“依据不同需求来设计教育计划”，而目前我找不到其他运用这种观念及策略的例子，因此才会不断地提及慢食协会，还请大家见谅。这是世界上第一所提供大学程度课程的饮食学校，课程使用感官、烹饪经验及具体化的产品，作为对食物进行思考的基础。它包含人文及技术性学科，打破了传统方法的原则，创造出新的方法，对所有与食物相关的事物秉持开放的态度，把经验当作出发点。例如旅行、培训课程、参观、味道品尝、练习和经营者面谈等，在这所新大学里面好比传统教育里的通识课程。经验是所有理论知识建立的基础，它也提供了进一步阅读、进阶教育及进入其他相关知识领域的基础。这是第一个试图有系统地教授美食学的教育机构，介于客观性与相对性之间，个人品位与公众喜好、味道与知识间，界限比较模糊。美食家的任务便是循着这些界限学习为何如此，这也是美食科技大学必须教授学生的。

如果一切如我们期待，其他各地也能设立美食学的大学课程，那么这个领域便会扩大，教授美食学的学校数目也会增加，我们将会看到新老师、新学者及新自觉形态的崛起。如果美食学成功地得到它应有的学界尊敬，我们就可以把它引进学校以及一生持续不断学习的各个教育阶段里。最终，人们将不再只研究具有营养学及工业生产双重意义的“食品科学”，因为它只代表了对食物、工业标准、合成物质及营养价值等不带感情的客观研究。

美食学则是完全不同的，它涉及口味、来源、价值及品质的研究，它不会远离相关学科，反而鼓励各学科间的知识交换与流动，它刻意抛开传统学术教育的特性，却也坚持取得学术地位的正当性。

教育与被教育

活化及简化技术性的语言，接受它跨学科的复杂性，基于感官及经验展开研究，了解生产者和他们的技术，还有该区域及生态系统的特色，这些是新教育的方法论，其主要目的是建立新美食学及共同追寻的品质。这是一种终身教育，是学习好滋味的教育，是教导享乐，并把它当作生活目标的教育。我们现在只在这个过程的开端而已，但我相信，通过持续不断地强调美食教育的重要性，并小心规划它的结构及方法论，将可以使地球上的食物及人类之间产生新的联结。每个人都可以分享这个关系，就像每个人心里都有一位美食家，引导着我们不再只是成为消费者，而是做更有趣、更智慧、更快乐的事。

[日记12] 意大利莫罗佐农产品市集的阉鸡

1996—1998年，慢食协会发起了“美味方舟”计划。这个活动计划把所有濒临灭绝的优良产品编成目录，并且加以推广，这样才可能让更多的人设法拯救它们。1998年10月，在“品味沙龙”活动的成功推动下，“美味方舟”计划也取得了很大的成果，不仅在意大利，在其他国家也一样。即使到现在，“美味方舟”计划的国际委员会仍然坚持不懈，努力甄别必须放入名单的产品。

1998年的“品味沙龙”活动过后，我们迫切地思考着如何落实拯救濒临灭绝的人类遗产，于是诞生了“慢食卫戍计划”的概念。“慢食卫戍计划”的宗旨在于致力于小规模地保存特定食物，谨慎地选择食物，并明确给予某种干预，例如在生产者的财务方面给予援助，建立基础设施，抑或是启动营销、商业网络。为了让想法可行，我们必须设计一些计划的原型，第一个便是莫罗佐阉鸡的例子。

我一直喜欢拜访属于我生活区域的传统农产品市集，除了参加每年12月第二个星期四在卡鲁举行的“肥牛市集”——后来成为知名的传统市集活动——多年来，我一直会参加每年圣诞节前在莫罗佐这个小地方举行的一个小型市集。村子里的女人们养出了不可思议的好阉鸡。

然而到了1998年，这个市集却令人沮丧。由于这个区域的乡村经济完全改变了，养阉鸡的传统也消失殆尽，只剩下极少数的人还在养阉鸡，买家当然更是少之又少，即便在每年此时本该很热闹的时刻，市集还是冷冷清清的。事实上，养阉鸡是件繁重的工作，需要极高的专业度及热情才能饲养这些不再得到公平回报的家禽，而市集也沦为过去时光的悲歌。

那次经验之后，我深信唯一能保存莫罗佐传统阉鸡的方法，便是举办一个商业活动，并向那些女士保证：饲养它们可以获得公平的报酬。于是我决定向她们提议，请她们在下一年度养1 000只阉鸡，而我会承购这些阉鸡，并且以1998年市价几乎两倍的价格购入。

于是，1999年1月我邀请了所有饲养家禽的农民到莫罗佐的议会中心，想对他们说出我的提议。女士们双手交叉坐在那里，她们的丈夫则站在旁边围成一圈。我站起来说出了我的提议，告诉她们不可以放弃，我会给予她们我个人的协助，尽可能找来我的朋友，加入这个可称之为“人情预售”的活动，就像酒类的惯例做法一样。现场气氛有点紧张，我仍然记得那些脸上饱经风霜的农民对我一点信心也没有，也几乎不抱一丝希望。他们的不信任是可以理解的，想想一个城里来的人提出这种奇怪的建议，他们可能认为我要么是诈骗犯，要么就是一位疯狂的慈善家。

的确，事后证明这个行动确实很难操作，而我之所以能兑现承诺，也是因为我坚定的决心，以及那些同意传播消息及协助销售的朋友。这并不容易，例如我有位朋友来自意大利南部，是位极具幽默感的酒商，他大老远跑来皮埃蒙特买了两只阉鸡，回去后他太太把所有的账单开销加起来，没好气地问他做了一桩怎样的好买卖。这个交易的好，在于他帮忙解救了两只莫罗佐阉鸡，使其免于绝种，在这种状况下，生物绝种的魔咒才能被打破，人们才能开始了解这些好品质产品的附加值是值得被认可和理解的。

参加这个计划的这群人（请试着想象要以高于市价两倍的价格销售 1 000 只阉鸡），后来跟生产者一样，也成为这个计划的拥护者。他们成为共同生产者（了解“吃东西是一种农业行为”的消费者），口口相传，加上亲自投入，这些足以永远拯救这些阉鸡了。现在这个市集非常热闹，吸引了许多人前去参加，我也可以确定 1998 年看到的景象如今已经不会再出现了。

从那时候起，卫戍团体一个接着一个地成立，慢食协会开始努力朝生产技术及知识、农业经济、食品营销、畜牧业管理、渔业、奶制品及奶酪加工等方向与他们合作，从乡村朋友身上汲取知识，并评估他们产品的特色。

从文化的角度来看，我们不只是消费者，还要负起生产系统的责任，我们变成了共同生产者。每当看到原本快要濒临绝种的产品摆脱危机，而且利润还在增加，我便会想起 1999 年 1 月莫罗佐居民的表情，我也更确定莫罗佐的产品从任何方面来看，都更可能持续下去。而一些年轻人也愿意秉持尊敬食物品质的精神，担下使这种经济持续向前的责任。

共同生产者

美食议题的高复杂度，以及出于个人满足或是地球健康的理由去追寻优质、洁净、公平产品的想法，会使得所谓的消费者的生活极不容易。消费者所需要掌握的信息量，及需要付出的努力及学习（包括感官、感觉及脑力的教育）都有可能困扰他们，让他们感到非常疲惫，到最后只有放弃，变得对美味、不可持续的生产方法漠不关心。在现代，消费是困难的，也许比生产还困难。但我们不能就此屈服，我们若要重新思考、定义消费者的角色，就先从“消费者”这三个字本身开始吧。

当消费者消耗产品时，他不只消耗他所购买的产品，同时也消耗了地球、空气和水。若依现行速率计算，这种消耗如果继续下去，将导致资源枯竭。生产行为涉及消费，通常，若计算所有种类的可能成本（还包括除了纯粹生产过程之外的其他成本），我们一定会注意到地球资源平衡表上的赤字。我并非谴责资本主义系统，或是抨击那些“肮脏利益”，我想说的是，“消费者”这三个字很不幸地隐藏了错误的模式及方法，必须尽最大的努力才能改正。这三个字已经成为每天的日常用语，但其真正意义无法再继续隐藏，那就是消耗、用尽、毁灭及逐渐枯竭。

所以，我们必须改变态度——我们就从正确地使用术语开始。“消费”既然是生产流程中的最终行为，就应该被视为流程中的一部分，而不该被视为流程以外的东西。消费者因此必须觉得自己是生产流程中的一部分，了解这个流程，使自己的喜好发挥影响力，当流程发生困难时，要能予以协助，如果流程中有任何不当或是不可持续性的做法，就要勇敢地拒绝。消费者如今已成为新美食家，有着食物共同生产者的身份。

接受这样的消费者，也是生产者的责任，如此才能创造出有目标的社群，一个以食物为中心的新生产社群——我们称之为食物社群，能共同生产出优质、洁净、公平的产品。

剪断脐带

在生产者与消费者、生产阶段及消耗食物之间，存在着巨大的差异及绝对的区隔，这是相当新的现象，并且趋势仍在不断增强中。工业化的食品生产方法，尤其是大量生产、流程简化及功利主义原则，不论直接还是间接，都是造成这种新现象的主要原因。

这些生产风格产生的具体影响，让生产知识变得专业化及技术化，以至于不是直接负责生产的人无法完全理解这些方式。他们把生产藏匿于大型工厂集中化处理，不让外界看到，将大多数人原本都能体验到的从现实生活中抹去。他们把天然原料处理到了连原料的原始特性都无法辨识的程度，每一个阶段都被商品化，从耕种到经销，独占了所有的知识（农业、加工处理及商业知识），呈现给消费者的是那些由无法理解、不能解释的技术处理过的包装好的最后成品。在品牌包装下，产品被视为合乎情理而被接受。品牌因此被视为产品的真正特性及蕴含知识的替代品。不到 50 年的时间，它们让人们感到困惑、恐惧（例如疯牛病的出现）。所以，除非我们经由缓慢费力的学习过程，否则将无法自行了解并判断食物。

但诚如我们所见，食物绝不只是等待被消费的产品，它也代表着幸福、认同、文化、快乐、愉悦、营养、当地的经济状况及居民的生活情形等。因此，只要想到抽丝剥茧之后食物蕴藏的价值、满嘴的食物传达出来的意义，然后再回头想想这些意义被稀释或被削减，甚至消失了，我们就该知道这是人类最愚蠢的行为之一。

在这个让我们变得无知、无法品尝美味的工业化农业革命开始之前，原本的情况是大不相同的。有关食物的基本知识，比如它的来源、如何加工处理及烹煮等，从前都是经过一代又一代的身体力行传承下来的。乡村生活形成了自然的学习过程，邻近城镇的居民对食材的亲切感，跟市场上的生产者及当地店家建立起联系。每个家庭皆有自己的做法，不需要通过正式的课程，即可潜移默化地教导下一代：孩子们看着父亲宰杀动物吃肉，从菜园里摘菜，每天看着母亲做果酱及煮菜，依据季节做出不同的食物。然而，现在还有多少人记得切肉时有许多不同的刀法？还有多少人知道怎么做出一瓶好果酱呢？

在这些耕作方式、加工处理过程以及消费之间，有一条像是脐带的东西联结着。在这个生产循环当中，有许多流程附属在消费者身上，因此，消费者实际上就是一位共同生产者。这并非乡村独有的特权，在城市里，同样的事情也上演着，无论是不是新近乡村生活留下的产物，生产者与城市人之间的联系，双方知识、信息的交换，都在店里及市场上发生着。

而今，这条脐带已被切断，而且断得干脆。打开一包附有酱汁的意大利面，只要在平底锅里加热几分钟就可以食用。这让我们忘记了，也忽略了去想一下我们吃的是哪一种意大利面，它的酱汁是用哪种番茄调制的，加入了哪些其他成分，这些成分的来源又是如何。

消费不再与生产有关系，因为食物经销系统充满了似是而非的吊诡把戏，变成了更具侵略性、更壮大、更集中化的系统。

人们发明了更有效、更快速、更精良的保存方式，还有冰冷的冷冻运送系统以及运输方式。发明了罐头及消毒杀菌方法的尼古拉斯·阿佩尔和弗朗切斯科·奇里奥理所当然地被列为对人类有贡献的人，当初启发他们的原则如今转变得更加迅速，产生了似是而非的矛盾现象。消费一条在印度洋捕捉到的鱼很容易，这绝对可以做得到，却不符合可持续原则。尖端技术可以让牛奶保持“新鲜”好几个星期，现在的法律甚至允许称某些保质期长的牛奶为“鲜奶”；你不会知道牛奶从哪里来，不会知道它制造出的没有效率又污染的经销系统，例如：数百辆大卡车从一个工厂载着牛奶跑遍全意大利，而事实上，这些牛奶却是由意大利各处收集到这个工厂加工，最后再送回原产地的，相同的路要跑两次，我实在看不出这当中的意义何在！难道让牛奶用最短的旅程，保持最新鲜及当地制造的特色，不会更合乎逻辑，同时也更环保吗？

如果说工业化剥夺了我们知的权利，那么现代化的经销系统更凸显了这一点，现在甚至无法追查产品的来源了。“来源”这两个字对如今每条“自重”的食物生产链而言，都是必需的，但10年前它几乎不存在。在疯牛病及戴奥辛污染的鸡这类事件爆发之前，我们根本没办法追踪工业产品的原料生产地。直到现在，虽然快餐店供应的生菜会标明“国内”生产，但想知道究竟是哪里生产的仍然很困难。国内？没错，但到底是在国内的哪里生产的呢？是用哪种方式栽培的呢？又是用哪种方式保鲜的？交通成本是多少？有多少人类行为牵涉在内？我必须承认，对许多大型生产商及经销商而言，这种趋势多少已经有些改变了，然而，当今农业生产的源头与消费地之间的距离仍然非常大，需要付出相当的努力，才能建立起一个让所有产品来源都清楚的系统。

这并不是说我们要回到从前，住在乡村里或者自己生产食物，而是说要把被切断的脐带重新修补起来，通过寻找信息，让生产商承诺提供关于生产过程及原料运输的信息，让大型经销商乐意重新设计经销系统，以使其进一步本地化，这一切都要靠我们自己及想要成为共同生产者的愿望去达成。事实上，我们曾经是共同生产者，新美食家虽然只是整个生产过程中最后的环节，但却是整个过程中最重要的一环。生产者及共同生产者应该联合起来，让双方在各自的社群中都能感受到自己是新美食家，并以新美食家的思维展开活动。

农业及美食行为

温德尔·贝里是一位杰出的诗人，他把共同生产者的意义全都浓缩到一个句子里："吃东西是一种农业行为。"我们应该把这句话当作座右铭，因为它把所有共同生产者的意义都浓缩了进来。漫长的生产过程是从土地开始的，我们身为最后的消费者做出的选择，可以影响生产过程、地球及环境管理形态和农业社群的未来。这句话也传达了团结一致的社群意识及归属感，这是我们对食物生产者应有的感觉。不论是在生理还是心理方面，都要让生产者更贴近我们，这就是新美食家的任务。

生产者也必须共享这种社群感，他们要有自觉及完全开放的心态。因此，再进一步诠释贝里这句话，我们可能也需讨论"耕种、豢养牲口、加工"这些过程。现在消费系统成为主导系统，制造者和消费者之间的距离导致彼此分离，甚至冲突、对立。生产者孤单无助，被控制中间过程的人操控。最近在意大利有个案例，农产品的零售价暴涨，但是辛苦种植产品的人却抱怨收购价格低到了前所未有的水平。因此，农民生产的产品经过漫长的旅程，最终到达世界上某个人家的盘子里，但中间过程已不可考，徒留农民的绝望与困苦。

生产者跟消费者一样，任由这个错误的系统摆布，许多人失去了对自然美味的鉴赏能力，他们不再保有原先对土地的认识，没有相关知识及技术，被放逐到工业化的农业生产环境中。工业化农业为他们提供种子、肥料、化学处理方式、动物饲料、抗生素——看起来似乎都很适合土地及动物。生产者就像工厂里的工人，和地球一点儿直接关系也没有。

在过去，农民和土地结合，但今非昔比。我们遇到在生产线上工作的人，感觉就像卓别林在电影《摩登时代》中所饰演的角色一样异乎寻常。在牛棚做按件计酬工作的人，在偌大的田野中不断地给地球及生长在其中的生物灌喂药物，不计一切代价，就是想让产量及销售量达到最高点。地球是生是死并不重要，食物真假、天然与否并不重要，是否美味也不重要。在这种情况下，农民不知道谁会吃到他们生产的食物，生产实现了完全的工业化，形成了规模经济。有人养了上百头荷斯坦奶牛，把它们圈养在大型牛棚里，喂食它们经过特别设计、能带来最大产奶量的饲料，只要一按按钮，自动控制系统便会连接上饲料储存塔开始输送饲料。每天几乎不停地用机器轮班挤奶，再把牛奶传送到储奶槽，由大卡车载走。利润增加，甚至每头牛的产奶量也增加，就像卓别林电影里工厂的工人。不尊重消费者（他不认识消费者，也不想认识消费者），不尊重牛奶品质，更不尊重自己以及身为一个食物生产者所该扮演的重要角色。

农民越来越习惯这种生产方式，经历几个世代之后，他们便会失去自己的本能感觉，而他们与大自然之间日益恶化的关系，连带影响着他们所吃的食物。曾经，即使贫穷，他们也不愿意做不美味的食物，传统乡村料理的美味程度可以佐证这点。然而，现在为了生活，他们也到最近的超市里，跟其他消费者一样搜寻货架上的工业化食品。就像普通的消费者一样，农夫也被剥夺了感官能力，不再是自己生活及未来的主人。

接下来，我们会有孤立、困惑而且融入消费者的生产者；另一边则是孤立、困惑的消费者。每个人都在消费，但消费的人不知道任何关于农业的事，而生产食物的人不知道任何美食方面的事情，关心生态的人又与食物之间没有任何直接关联，因此财富分配不均，知识也消失了。

在这种情形下，大权握在经销商、中间商、为农民提供原料（如种子等）的人以及最后创造商品品牌的人手中。除了看广告以外，我们完全没办法追踪食物的起源或了解这个产品。（重要的是，这些广告总会设法用一些天然的东西刺激大众的欲望，例如从树上取的橄榄油、完全不明确的绿洲生态、切片面包包装上的金黄麦穗图案等）。再举一些大型控股公司的例子，它们同时拥有动物饲料工厂、采取代养方式的动物饲养系统、卡车车队、香肠工厂、乳制品工厂及连锁超市，由此可以清楚地看出这难以理解的工业之间的关联，其实是由少数个人所管理及控制的。

这个系统必须改变，而只有一种人可以将大家联合起来，并且影响每一个人，那就是新美食家。这个词不只对有美食概念的农夫适用，对共同生产者也一样适用。两者都是在食物生产方面，属于寻找自己应得尊严的领导人物。他们必须教育自己成为新美食家，也必须超越各个社群之间的距离，认为自己是社群的一分子，属于食物社群，同时也是有着共同命运的“命运社群”的一分子。

不论远近

生产者及消费者之间的距离不只是抽象的，还象征着两者之间完全缺乏沟通，甚至常常近乎对立。事实上，也是因为他们分属于两个不同的世界，才会被利润和失控的消费者保护意识蒙蔽。

这个距离其实是具体的、可感觉到的，同时也是很难跨越的。

消费者如果觉得自己是共同生产者，就必须从这里入手，努力消除彼此的对立，以及城市与乡村之间越来越两极化的问题。这个距离是全球化的结果（食品到达餐桌前，需要经过很长一段时间的旅行）。工业化农业其实是城市的发明，事实上，是城市里的消费者和设计体系的人决定了现在的农业方式。在世界上大多数地方，农民被迫接受这个系统，因为他们靠市场生存。新农业如果想有发展空间，也必须靠城市人的发明，只不过会是依据城市与乡村之间的紧密关系而发明的。明显可以看出，这是一个更新本地经济模式与缩短食物生产链的问题。

用比较实际的话来说，我们必须开始采取“适应本地生长”的方法。这是地球上所有物种一直都在遵循的原则，我找不出任何理由可以脱离这种需求。过去人类这么做是因为他们别无选择，农业必须适应环境，因为当时没有其他的替代方案。但现在我们不再遵照这个原则，却是因为大自然给了我们更大的便利，经济规则也演变为“在这里找不到的东西，可以到其他地方去找”。但是当这种方法不再可行时（我们现在已经非常接近那个完全不可行的极限），我们就必须重新思考如何适应当地的环境。这意味着，我们将重新思考一个地区所具有的潜力和极限，我们必须思考当地存在的是哪一种生产社群，以及他们如何为我们提供营养。

这个概念和生计经济概念很相近，也跟区域人民靠自身资源生存的能力关系紧密。从农民的角度来看，加速农业工业化的转变因素之一，就是许多家庭放弃自己原本的小型农业生计。相反，原本的规则应该是，让每个国家或社群优先想到喂饱自己，并且只有当这个目标达成后，才能把多余的产出拿去进行贸易。然而，这条规则显然与我们现在这个世界大不相同。最贫穷的区域大多数都是乡村形态，这个形态是他们保证生活尊严的基本条件——确保与传统及周遭环境和谐共存，才是可持续发展的先决条件。在富裕地区则是城市形态盛行，这个规则可以应用于简单的产品本地化，通过创造直接购买群体，寻找最贴近当地环境的产品（像研究“食物里程”的影响一样的方法），这个直接购买群体，将是由消费者和互助农会，或与更多新创立的农友市场，共同组成的。

例如，以当地为基础的城市购买团，就是一个很好的办法，值得发展和执行。美国及法国的经验（还有意大利一些零星的独立案例）都显示这个方法可行，可以避开不公平及不可持续的经销系统。做法就是城市居民团体和农民团体聚集在一起，讨论如何符合彼此的需求。城市人想要新鲜、应季、价格合理的产品，也想要认识种植这些食物的人；而农民们想要得到价格的保证，不想受市场价格波动的摆布，希望他们的生产成果能被奉为美食，而不会被销售及市场系统混淆、降级，甚至永久消失。他们彼此达成一个双方都满意的价格，然后由城市人预付一整年购买农产品的款项，这样农民便同意每周送水果、蔬菜、鱼、奶酪等产品到城市人的家中。这是对双方而言都很理想的解决方案，大家或许已经发现，我们需要的其实只是一些善意及分享精神，或者说是共同生产的观念。

从根本上来说，问题在于重新配置生产及消费区域，让两者在同一个地方。也就是说，地理位置上不要相差太远。现代运输及全球化食物系统提供的设备，能补充所有匮乏、协调所有不平衡，使系统和谐，并且确保为“生产社群”（指工业化的生产）提供最重要的服务。同样的看法也可以用来说明新的传播沟通方式，从这个观点来看，食物网络就是一个尚未被完全开发却有着巨大能量的工具。

我们必须采用适应当地生长的原则，重新配置生产消费系统，必须了解食物是一种共同生产网络，在这个网络上知识是共享的，生产方式是可持续的。食物必须先被视为一个网络，才能进一步构成由食物社群组成的美食家网络系统。

社群

在前面，我们大致介绍了生产社群和食物社群的概念，我想先解释一下两者的差别，以免引起混淆。

我们拿一盘番茄酱汁佐味的意大利面。看着它，试着想象（除非你很幸运地早就已经知道它的来源和做法）制作意大利面的小麦、做成酱汁的番茄、使其散发香味的罗勒，让它更美味的帕马森干酪。想象那些播种、种植作物的人，想象产奶的动物、挤奶工及收割小麦的人。想想它们的发源地，当地的传统与文化（小麦是乌克兰或加拿大种、番茄是西班牙种、罗勒是意大利力古利亚种，至少都是可以追溯源头的）以及社会经济状况。想一想它们的历史，番茄是从美洲被带到欧洲的，意大利面的制作方式是阿拉伯地区、中国及意大利之间层层交流总结出来的。想象这些产品所经历的旅程，运输、加工、包装等。再回头想想你的购物情况，这个产品是在哪里买的？是怎样带回家的？是经过谁的手做出来的食物？是你自己烹调出来的吗？

食物是一个网络，是男人与女人、知识、方法、环境，彼此互有关系的网络。美食学的跨学科特性让我们可以了解、分析、评估这个网络，甚至能认识其他共同建立这个网络的人。

一旦接受共同生产的原则，新美食家和具有美食目标的生产者皆成为网络的一部分。建立这个网络的人，理论上都有共同的美食目标，就拿那盘意大利面来说，他们会希望它是优质、洁净以及具有公平性的食物。

建立这个网络的人皆有共同的目标，因此他们构成一个社群，或者说它是虚拟社群也可以，总之它就是一个社群，一个所谓的“食物社群”。这个食物社群的观念可以从各种不同的经济角度呈现，包括“生产社群”。一个“生产社群”可能是把“个别生产者”联结起来的社群。比如说，一位致力于种植濒临绝种的稀有物种、使物种经济健全的农夫，就算是一个“个别生产者”。一个生产社群可能是一个全国性的协会，由一群渔夫组合起来，共同争取渔业权利。一个食物社群可能是农夫社群，也可能是由城市居民组成的购买团体，抑或是由想要交流食物知识的美食家所组成的团体。

这些社群（不论是食物社群还是生产社群）或多或少都跟整个地球有联系，这就是所谓的“命运社群”。因此生产社群及食物社群（包括生产者及共同生产者）可能是当地的，也可能是全球的。每一位新美食家（包括生产者及共同生产者）都应该知道这个命运共同体的概念，也了解这个命运取决于每个人所做的选择，他们可以选择优质、洁净、公平的食物。当然，我们现在讨论的是地球的命运，学者们的研究已经告诉过我们，地球现在病情危重，经济分配不均衡，状况越来越糟糕，这真是一件悲哀的事。

食物社群（要记住，它可能也包括生产社群）在这片土地上运作，它由社群成员的知识及行为体现出来。严格来说，它可能不符合本地化的标准，因为它可能由那些因工作结合在一起、位于某些特定地区的人们组成；也可能由处于完整生产链上的人组成，尽可能接触消费者或共同生产者。他们全都希望与生产社群或其他社群之间的距离——不论是实际距离还是心理距离——尽可能缩短，在不同的现实世界之间，也没有任何被孤立的状况发生，因为我们全都应该是美食家。

所以，即使我并没有购买秘鲁农民生产社群所生产的藜麦，我也必须觉得自己是他们的共同生产者，跟他们有相同的目标，忠于他们社会救助及生物多样性的原则。再举一个例子，在意大利卡帕尼亚产区种植圣马扎诺番茄的当地农夫，为了拯救这个番茄品种做出了很大牺牲，我身为这一番茄品种的忠实消费者，当然应该是当地农夫的共同生产者。如果我直接在市场上从农民那里买苹果，那么我最好去认识他，多跟他聊一聊，问问他是怎么种出苹果的，因为我想要成为他的共同生产者。我同时属于许多不同的现实世界，但只属于一个共同世界；我同时属于许多不同的食物社群，但只属于一个命运社群。

[日记13] 亚伯·霍华爵士——西方植物学家的良心

凡达娜·席娃在佛罗伦萨会议之后（我在日记6中曾提及）成了我的好朋友。至少有两年的时间，她都一直敦促我去印度，参访由她主导的九个基金会在印度全国进行的计划。每年10月，她都邀请我去新德里参加基金会举办的纪念亚伯·霍华爵士的相关活动，并希望我在活动中发表演说。

2004年，我终于接受了她的邀请，因为我想在“大地母亲”活动开始前，借这个机会顺道拜访前去都灵参加“大地母亲”活动的印度社团，他们想在印度开始正式推动慢食运动。

为了准备在新德里的演讲，我决定多了解一些关于霍华爵士的事情。我读了他的传记，也是他的主要作品《农业事实》，很快便深受吸引。霍华爵士半个世纪前就定居印度并在当地工作，英国政府重视他植物学家的专业才能，于是派他前往印度，负责研究改善当地的农业，但最后他却是把当地农民所拥有的印度传统有机生产技术移植到英国，进而改善了英国的农业。在西方农业经济学的研究领域中，特别是以西方愿景为主流策略的学术界，他的著作迄今仍是非常前卫的。

学习这位伟大的英国科学家所叙述的观念及技术，以及他如何深入了解印度文化及农耕方法，并从中汲取知识，对我产生了很大的影响。他的作品在1940年出版，值得现在全世界的农民阅读。霍华爵士坚持认为，所有耕作方式的核心，都是要保持土壤的肥沃度，应该以非侵入性的方式维持，绝不能受化学物质的污染。让我同样印象深刻的，还有他对传统文化的尊重，面对这种非欧洲中心的方法，他能够虚心倾听，甚至赞颂在某些地方被视为已不适用的古老方式，并叙述其优点。

霍华爵士的发现之旅，让我了解到，他仍是现在奋力争取印度传统及生物多样性、促进两者和谐共存的洁净农业的代表，对我而言这是非常重要的。这显示了“不同领域之间的对话”（现代科学与传统科学领域之间的交流）得以存在，并且开花结果。霍华爵士进行这些交流的基本态度，就是倾听。如果你知道如何倾听，你就知道如何进行一段对话，这是我从霍华爵士及席娃身上学到的最重要的事，这是很棒的素养，鼓舞了整个会议，让大家彼此和平地交换不同的观点。

毕竟，我们对其他的世界几乎一无所知，以新德里为例，那里有着多姿多彩的生活，笼罩在不可思议的各式香气里。这个城市带给我十分特别的美味经验，整个旅程中，在任何时候我都未曾失望过。最后，我不得不下一个结论，那就是：西方人真是太无知了。从烹饪的观点来看，我很欣赏农妇的烹饪技巧，她们令人惊奇的烹饪手法常让我震惊而又充满崇拜之情。

我完全可以证实主厨费兰·阿德里亚告诉过我的故事。那是他的亲身体验，可以视为对抗名声诱惑的警示。当他被《纽约时报》评选为世界上最好的主厨时，一位西班牙外交官带他前往中国，介绍他认识中国饮食界的一些人。中国人看着他的做法，其中一位已无法控制自己，低声笑着说："原来这就是西方最好的厨师！"

当我在印度农民的家里用餐时，也同样能感受到伟大厨师能给予我们的专业性及快乐。这样的事实可能暗示着：我们对料理的分级标准应该全面改变了。如果最穷困阶级里的烹饪技术都能这么好，那么最好的印度厨师会在哪里？而那些现在已经变了质的排名打分系统、自大的美食评分标准，在这里都会自惭形秽。因为，即便是旁遮普和喜马拉雅山前广大平原的农妇做出的简单食物，也能把我的味蕾带领到一个无法形容的空间。

我想这些就是多年前迷惑着霍华爵士的一切，让他做出诚实研究的背后因素。他没有别的办法，只能倾听并学习，因为他清楚地知道，自己已经没有什么可以教导他们的东西了。

不同领域间的对话

此刻，地球处于非常严重的失衡状态。我不想像一个到处散布恐慌消息的人，但是有些事我们真的做错了，我们必须重新思考，必须把引领我们走向未来的舵，转到正确的方向。

大量生产及简化主义思想本身并没有问题，科学方法虽然否认知觉、感官能力对于理解现实世界的好处，但其本身却不是问题。造成问题的是扭曲这些想法的模式，并把科学置于所有的事物之上，如此才发生不可持续的情况。

世界的脚步越来越快，加在我们身上的不断加速的生活、工作及想法，更凸显出目前存在的价值扭曲，周遭复杂的事物快要击垮我们。既然讲求速度成为现代生活的教条，为了生存，我们不能想太多，只好丢掉那些减慢速度的东西。甚至，消费社会把新“垃圾”的制造、浪费都合理化，抛弃了所有看似没有生产力或“缓慢”的东西、所有被认为没有用处的东西（包括人、文化、乡村）。

新美食家一定会注意到，这种状况有碍于他对优质、洁净、公平的产品的追求。但是为了更好的生活及追求食物品质，就不难找出起始点，并以它作为新生活的方式、新的全球观意识以及新人类的认识基础。追求速度让我们无法思考、品味、比较及选择，那么我们可以先从放慢脚步开始，搭配现实世界的冷静思考，以品味生活的节奏进行。最好能多花点时间见见生产者、购物、烹饪。我们最好也能“浪费”时间，但这不是凡事讲求速度者所认为的那种浪费时间，而是指多花些时间慢慢思考，让自己“迷失”在非功利主义阵线的思想中，在脑中培养出生态观念，让自己重新真实地存在。

若要追寻，须放慢脚步，先从单纯的反对开始，反对生活中美味的贫瘠，这能让大家重新找回美味。放慢速度的生活也能让我们了解许多事情，比世界缓慢的生活步调，很快就能让你接触到被现代社会视为“垃圾”的知识精髓，了解那些被视为慢速而被排斥的东西。通过探索放慢脚步的生活，能够拥有不同的空间，你会接触到那些在老一辈人的记忆中栩栩如生但却被视为次等文化的领域，了解过去那些尚未变得疯狂的文明典型，这能指引我们走向优质、洁净和公平的生产者传统——那些经过数个世纪一代又一代的实证之后留传下来的传统。

接触到放慢脚步的世界，你会感受到崭新或重生的生活乐趣，你能感受到不同的方法及不同形态的知识，这是带领我们驶向未来的另一种平衡能力。你能重新评估消费文化的要素，也能从农业知识中惊讶地发现：其实问题可以有更简单的解决方式，很多问题其实都是被讲求快速的原则复杂化了，以至于走到无法解决的地步。

只因为一心发展经济（只是发展，却不是真正的进步），就让人类长期创造出来的大量文化遗产被摒弃，任其消失，这似乎是不对的。难道它应该随着老人家过世、原始社会及农村传统的消逝而消失吗？现在正在消失的是一种生活方式，是与工业化经济的全球化节奏不相容的食物。传统的生活方式无法与最极端及自私的个人主义、资本主义共存，我们只剩下折旧率高的世界，以及变质、恶化的东西。地球、水、和平及快乐，现在全都变质了。

因此，我们必须把终身教育及美食家的自觉放到文化脉络里，在这个文化脉络下，让它们表达自己、让它们自行成长以及传播这个观念，以此作为改变食物生产消费系统的策略。当然，首先我们要改变的是食物的生产消费系统，不过绝不仅此而已，这只是第一步。因为每件事都由食物开始（和现实世界及生活系统绝对脱不了关系），每件事最终也将对食物产生影响。

我们一定要放慢脚步，因为它能带来珍贵且有具启发性的价值，我们要以此为前提，找回同等重要的农民的传统知识、不同的科学方法，以及通常被视为次等形态的知识及价值。传统知识成了亟待保存的遗产，它们已经处在快要永远消失的边缘。我们一定要让这些传统的遗产保留下来，并能继续存在，而它存在的方式不是和现代对立，不是和“重要”的科学对立，也不是和全球化世界发展出的新科技趋势对立，更不是和导致死亡的主要因素（例如工业）对立，而是建立起不同领域间知识的讨论，并把它们整合起来，赋予它们同等的地位及权威。

简言之，我希望能有食品公司加入与传统加工处理方法、传统烹饪类型的对话讨论；能有现代农业经济学加入农业生态学及传统知识的讨论；能有一个不只注重生产力的单向科学研究，应该也有科学研究去讨论生产社群及小规模农业，结合他们独有的生产技巧。我们不能预设主导立场，要给他们相同的立足之地，两种领域都别试图证明对方的方法不好。它们需要彼此交流，把知识放在提供优质、洁净及公平的食物上，这样对我们所有人的幸福而言，就已经足够了。

放慢脚步生活

近20年来，慢食运动已经把“放慢”当作标语，从一开始我们就在《慢食宣言》中公开展示过了，我们不只是拥护不同吃法的代言人：“讲求速度成为我们的枷锁，我们都是速度病毒的受害者，快速的生活扭曲了我们的习惯，现在连在家里都逃不过这病毒的攻击，更迫使我们必须在快餐餐厅里用餐。”慢食运动的目的越来越清晰——

> 人类必须要有智慧解放自己不受限于速度，因为速度会让人类沦为濒临绝种的动物……要对抗全球这种愚昧的快速生活形态，我们必须捍卫平静的物质性快乐。对于那些将效率和混乱混淆的大多数人，我们建议给他们正确剂量的感官快乐保证针，提供他们缓慢却长久的快乐。

在1986年的时候，有关这种快速生活带来伤害的讨论并不普遍。但自那年之后，联合国及国际粮农组织的报告更清楚地显示了这种伤害。哲学家、社会学家、经济学家都开始严厉批评这种讲求速度的快速生活。如今《慢食宣言》已经发表多年了，每个人都赞美放慢的生活形态，新闻媒体也报道相关的消息，无论是看电影、看书还是挣钱、上学，甚至健身，都应以缓慢为重心。“放慢”现在成为一种新的价值，一种社会开始视为迫切需要的东西，捍卫它已经不再受到质疑了。

任教于意大利巴里大学的社会学家弗朗哥·卡萨诺确切地在《疲乏的现代化》一书中阐明了原因：

> 捍卫缓慢，既不是保守的反射动作，也不是在做文学练习，我有更实在的原因。首先，在我们的社会中放慢脚步生活，需要试着体验偏离原计划、离开固定的文化路径，所以这能让我们了解与自己不同世界的价值，逃离让我们无法了解其他文化的强大引力……然而，还有一个更确切的理由鼓励我们重新发现放慢脚步生活的价值。有一些对我们的成长很关键，而且不能被加速的经验，只有当它们慢慢发生时，才可能让我们成熟、成长。危机、成长或思考都发生在我们放慢脚步时，只有在这种情况下，我们才能领悟到问题的复杂性。

如果新美食学是个高度复杂的主题，它同样需要放慢来进行。

在力荐人们慢下来的过程中，我们也要求他们能停下脚步，充满兴致地看看四周，接受世界上的每个小细节及风味。这并不是慢与快的对决，而是专注与分神的区别。事实上，放慢并不是能持续多久的问题，与分辨评估事物的能力一样，它的重点是培养乐趣、知识及品质。

在要求大家慢下来的过程中，我们也要求大家尊重大自然，不要为了个人利益擅自滥用大自然的纯真美好。我们要求大家尊重别人，喜欢理解与体谅，多过功利主义的自私，喜欢友谊与通力合作多过经济竞争，喜欢大众多于个人，喜欢给予多于贸易、赚钱。

在这个过程当中，我们便能了解“缓慢知识”是真正有创造性的力量，它就像一个刚出生的婴儿，与如今快速增加利润的方法毫不相容，看似比不上那些方法。但它是一种能重建世界平衡的知识，能制造好的东西，不会污染地球，能保存文化及自我认同，让各种不同事物继续交流。

这种缓慢知识，存在于科学及农艺学的研究中，存在于最穷苦的领域，以及生态学及美食学的领域当中，但是它们已经快要绝迹。虽然被视为老派的知识，但其实是相当现代化的。如果我们能让这种知识部分指引我们，我们就会更容易了解它的现代性。为何要说“部分”呢？这是因为速度本身并非没有用处，它只有跟宇宙中的不同节奏共存时，才会发挥用处。同样地，我们也要在不同节奏之间建立“不同领域间的对话”。再次套用卡萨诺的话：“缓慢不是速度的过往，而是它的未来。”

有人只因为动作太慢，就被丢在后面，甚至被视为不聪明，这是不对的。事实上，动作慢的人能清楚地看到前面存在的限制。

也许那些限制就是让我们放慢的秘密，如果你能了解这信息的意思，就能安全地逃过速度带来的危险。

“缓慢知识”在现今生产工业食物的世界，被视为应该要摒弃的过时东西。但事实上，食物的未来必须与“快速”这一非可持续性的知识产生辩证而非对立的关系。在我们完全失去在这世上生活的乐趣之前，必须将缓慢知识与其他受保护的传统技术一起编入网络中。

食物系统里的缓慢知识

在一个农业及发展的会议中，农业经济学家米凯莱·坎帕纳里，也是意大利曼图亚葡萄酒协会的会长，曾经对我同事直言：

> 30年前我刚毕业，当时花了很多时间和农民在一起，拼命向他们解释大学时从书中学到的理论。我的知识积累源于科学研究及农业经济领域的专业书籍，毫无疑问要比一般农民的传统知识更有力量。比较有力量的原因是它被书写下来了，而农民们的知识与经验虽然经过好几个世纪的发展，却没有被记录下来，只存在于他们自己的脑海中和文化里，我们很轻易地便可以改变他们的习惯，介绍新技术给他们。农民对于科学权威式的建议不太会抗拒，他们只会比较已知的方法，然后接受新方法。随着时间的推移，我了解到这些创新的生产技术凭借科学之名相当容易被接受，这使得原本作为农民生活的一部

分及文化的古老知识，在两个世代后就处于消失的边缘。很可惜，这些知识未曾被记录下来，且正处在继续遗失当中，让效忠市场导向多于效忠文化的“现代化”给取代了。

这段内容显示出，在科技的名义之下，文化灭绝是如何在过去的30年间发生的，尤其是在富有的西方世界，导致了农民传统知识的消失。这个传统知识是根植于该区域长时间、缓慢发展的珍贵结果，是几个世纪以来与生态系统、生物多样性以及该区域文化肩并肩发展的结果。如我们所见，大量引进工业技术已经不只让土壤受到损害、环境遭到污染、食物品质下降，同时也造成了痛苦的创伤，比如乡村居民传统知识的遗失，地球景观、生活环境以及人类与大自然之间关系的改变。

这一新的毁灭过程现在正发生在被视为落后的地区，例如拉丁美洲、亚洲、非洲等许多地区，这些地方为了要刺激发展，引进了征服农村的现代农业技术。

是时候停止这些错误行为了！不是以回到过去之名，或是以愚昧、不科学的保守主义之名，而是以尊重这些根源的所在地，并与当地和谐相处的农耕文化之名。

首先我们需要进行保护，并通过“不同领域的对话”来达成。在农业生态学校，应当把最尖端的科学新知与古老的传统知识放在同一等级上；让它慢慢地融入文化中，不以任何方式强加，但要在新旧形式的知识、生态系统的外在元素及现有的生物多样性之间建立一种辩证式的关系。这和在实验室创造出来的那些不顾物种文化背景直接强迫接受的科学比起来，是非常不具备侵略性的。

这个问题并不是拒绝所有现代的创新发明，而是要问问我们自己，这些创新将会对现有情况有何冲击？必须注意的是，创新应该要以改善现状为目标，而非取代原有的方式。举例来说，无论是从健康、道德角度，还是从经济角度，很多人都不认可转基因生物，那为何我们还被动地接受它，尤其是它与传统系统根本不相容？为何所有的科学研究都必须朝转基因方向而行，而不考虑其他的替代方案呢？为何要研发在干燥区域种植转基因生物，却不研究如何减缓地球上正导致土壤肥沃地区沙漠化的温室效应呢？

现在，赞助研究计划的资金主要来源是私人资金，只有一部分是公共资金，但两者几乎都没有保护、记录及测试传统农耕方法的计划。有哪些研究计划真正关心过靠地球维生的农民呢？

到了停下来，或至少要慢下来的时候了，要让农民的传统及知识得到应有的尊重。倾听、记录、保存那些关于与地球和谐共处的有价值的知识和技术。

回顾一下我们所失去、所舍弃的东西，不要继续进行这种不顾后果的文化灭绝了。宝藏就在我们眼前，缓慢生活，就是让我们重新开始的关键，慢慢地建设合乎我们真正需求的农业世界。我们不需要财富的累积，而需要财富的重新分配；我们不需要不断增加的标准化及工业化的全球食物系统，而需要一个依据文化及地域多样性运作的系统，一个建立于文化及地域基础上呈现品质特点的系统。这宝藏是一把古老的钥匙，却有令人惊讶的现代效应，它能让我们建设新农村，一个充满美食感受力的农村，让农村生产成为每日的生产活动，而不再只是少数幸运儿的消遣活动。

那宝藏就是“缓慢生活的知识”，存在于与土地亲密接触的数百万农民的手中及心中，存在于最接近农业生产世界的厨师手中，存在于人们需要改善生活的传统当中。找到宝藏的方法，便是要把自己的现状当作起点，而非完全否定或摒弃它。

有了缓慢生活的知识，我们必须进行“不同领域的对话”，这不是古老、怀旧、不思变通或摒弃科学，而是一种想要汲取不同智慧来源的真实欲望。关于这一点，浸淫农业文化至深的波塞修道院院长、颇有名望的杰出神学家、美食家恩佐·比安奇曾说：

> 当我们谈到“传统农业世界在西方已悄然逝去，而在发展中国家依然存在”时，若能采用不带任何偏见的批判方式，我们便可以搜集到数世纪以来的经验，当中有许多无疑是被忽略及摒弃的好东西。我们现在处于一个新世界的开端，有些人可能会称之为“倒退的世界”。我们不能再停滞不前或当作无法预见，我说的不只是未来。能有过去的资料供我们参考是很重要的，不必动用考古学的方法，而是问自己这些属

于古老智慧的东西，是不是仍然可以在这个“开倒车”的世界中教给我们一些重要的事情。

建立文献资料库的必要性

重点不在于陈述哪一种知识是最流行的，不管是联结享乐或一般常识的经验性知识，还是和大自然建立丰饶的共存感，抑或是一定要把量化科学奉为准则、排除所有无法量化的东西的知识。重点在于把各个种类的知识联结成网络，让不同的知识彼此间也能互相交流，或者互相辅助。任何一种知识都不该马上被否决，我们的目标是要让大家排除偏见，同时小心地追寻先前描述过的品质。毫无疑问，现在要做这件事，必须采取一些修补措施，深入寻找过去被当作垃圾丢掉的知识，设法让这些被排除的知识再现。这些知识不能只以书面的形式记录，它们不可避免地需要外在的协助，从而被转变为可以出版的作品。我相信，可以通过访问仍在从事这类活动的人们搜集到知识。而现代的录影、录音及计算机技术，能让记录及保存这些知识变得简单。我们必须开始有系统地记录这些传统知识，已经在这个领域中工作的人必须联系起来，同时创建新的研究中心。

在品质方面做出真正的改变，有一个不可或缺的元素，那就是把这些知识变成资料库。如果我们想学习、研究、发展或把这些知识传承下去，这将是一项重要的工作。不要低估这个阶段的重要性，这是把各种不同力量联结成一个网络的最基本的条件。

出于专业上的考量（例如“大地母亲”及“卫戍计划”），我们聚集了各地不同的生产社群。不久我们便发现了一个有趣的事实，那就是这些人因为长期与自己的居住环境共生，他们其实拥有我们当前问题的解决方式。以可在干燥的墨西哥栽种的苋菜为例，苋菜能在干旱的地区种植，能创造收入，作物营养价值也高，足以使当地农民维持生计。而在懂得料理及食用昆虫的地区，昆虫可以为当地提供蛋白质营养补充，这创造了一个另类方式，既可以取代昂贵的密集农业，同时也自然地除去了对收成有害的寄生虫。在 2004 年的大海啸中海岸线遭到破坏，原本被认为是由于发展旅游业而破坏了大自然，但其实当地居民早已不在那里居住了。他们仿佛知道会有危险发生似的，所以不喜欢在那个地方生活。许多由宗教规范的饮食规定，乍看似乎非常迷信，事实上却隐藏着许多人类与周围环境的关系，存在着功利主义及自我控制的考量。传统的农村知识，虽然不是很确定，或没有经由正式科学的证实，但却有不能被计算的元素，追求的不是利润，而是生存，这是在当时最有效率的生产方式。

抢救这类知识的第一步，便是建立“全球百科”，里面要包含传统的、农业及消费者文化等各方面累积起来的专业知识。用现代化的努力，寻找数个世纪以来文化发展过程中出现的传统解决方案，并比较各种不同的传统。这项工作，加上终身学习，以及了解“我们虽然分属不同社群，但最终也属于同一个命运社群”，这样的认知将会解除加诸我们身上的束缚，使我们不再一切以速度为重，不计代价地追求速度，如此更能帮助我们找回消失了的快乐绿洲。还有，这也是我们尊重他人的一种表现。

整体观

当我谈到建立传统知识的资料库（下一章还会再说明），找回并且分析缓慢、传统的知识时，首先谈及的就是美食相关的知识，像农业、烹饪、加工、保存等可持续活动。我把构成美食学的各式学问都囊括在内，从目前最常见的取向中找出一个与众不同的认识论。

我在华盛顿特区跟美国国家博物馆的负责人的会面，更坚定了我的信念，想在我们目前所习惯的世界中思考传统的农业世界，也就是食物生产世界的出路。食物系统一直都属于广义文化系统的一部分，而这个文化系统，就像生物多样性及传统的农耕方法一样濒临绝种。

如果从农业生态学的角度来看，这些问题当中有一部分已经被详细检验过，而且有实质的文献资料支持，不过它们并没有受到美食家的关注，更别提从文化的观点来研究了。事实上，在我所谓的整体视野中，农业生态学、美食、文化这三个方面必须紧密联系在一起，促成整个环境的保育行动。我再明确一点：我们不可能期待去抢救一项美食遗产，却不问问自己这个遗产属于哪一种文化，还有它最具特色的特征为何。研究当地文化也要做这样的努力。事实上，先对一种文化有全盘性的了解，是帮助该文化复苏及生存的第一步，也是最重要的一步。

对美食学而言，若要知道什么才是食物及农业的中心，就必须有更宽广的视角。因此，我们要把所谓的民间传说也一起研究，做成资料库，像舞蹈、民谣、音乐、方言的传统知识，传统的建筑、工具及其他用任何形式表达文化的媒介，甚至是田野间的实际工作方式，都应该记录下来。研究这些资料是正确的方向，或至少可以说维持它们的存续是正确的，因为它们是当地复杂农业及食物生产系统的一部分。如果以全球的角度来思考，这些知识可以拓展更宽广的视野，带给我们一个不同于现在世界的新视野。对民谣、音乐、舞蹈感兴趣，是对生产食物社群的尊敬。若是想要帮助这些人，运用一些方法让这些传统持续作为某个生产地区的生活标志，是最基本的工作。

这算是开倒车吗?

概括起来，若要回归品质，基本要件是必须了解另一个知识的范畴，要在目前盛行的系统之外，接纳缓慢生活的观念，视其为珍贵的价值，将其当作一个创新的空间，并能跟其他被排除在外的传统价值有所交集。缓慢生活、感官活动及终身教育彼此是相容的，它能重建社会共同的归属感，人们借此会面、互相协助及加强交流。现代人的想法是把焦点放在利润、效率上，这使得人们彼此疏离，但事实上，我们彼此的关系应该比从前更加亲近。

这个不同的想法，若我们去注意它，而不是漠不关心，便能开启美食学的新境界，因为它显示出在多元化之下存在着一种力量，能使我们在地球上活得有尊严。这些轻易就会被毁灭或是被遗忘的“慢食知识”，对我们来说有着全新的潜力，它要求我们尊重、保护并使用它们，目的不是要建立另一个新的上层阶级，而是要让不同种类的人类文化能够共生，要在我们失去方向、耗尽资源以前，凭借勇气与决心继续下去，坚定地回顾与学习过去的知识。那些生产优质、洁净及公平食物的人，还有那些尚与地球脐带连接着、还不至于无可救药的生产者（大多是农民），他们拥有学校不教、也不能用数学公式计算的知识。因此，他们许多人都是重要的资源。能教导我们的是这些拥有许多知识的生产者，我们应该聆听他们的教诲、支持他们的社群，而不是反过来教导他们该如何生活。这对每个关心食物未来及地球未来的人而言，都是相当重要的。

第 5 章

创新

美食学是一门复杂的科学，如果以跨学科的方式进行研究，它能重新启动我们的感官知觉，为我们提供理解事物的工具以及价值观，同时也能让我们找到新的伙伴，并加强对现实的了解。它帮助我们认同让这个世界更快乐、更公平的文化及生产机制。它促使我们了解，自己其实有能力也有机会改变现状，也让我们更具创造力。

美食学让我们更敏感，带领我们像美食家、生产者及共同生产者一样积极地参与对品质的追寻（包括生活品质及产品品质），这不仅对我们自己的健康及幸福有好处，对于其他在这块土地上生活的人也同样有益处。这促使我们重新定义自身的行为以及每日的生活目标，能带给美食学一个新定义，或者应该说，能赋予"食物"，也就是人类活动的核心，一种新的意义。

我们在前面已经提到，如果想好好研究这门科学并给予它新的定义，所需要的工具该有哪些：包括复杂且重新被定义过的科学，优质、洁净、公平的观念；自我教育的欲望，不安于目前的乏味感官及知识的无知状态；了解自己属于命运共同体的一员；

想要开发新的方法并推广实践知识的热情。如此一来，品尝会有新的追寻目标，包括上述所有的观念及想法，并且没有过于理想化或不可行，现在我们需要的便是完整的规划及务实的行动。

网络这个概念可以当作我们的起点，它是由感觉、渴望、各种力量、知识及人所构成的。我们要做的是尽可能让网络实用化。

如果让食物回到生活中应有的核心位置，我们便能发现，其实食物本身就是这个网络。它必须是强而有力、来源清楚、优质、洁净、公平的。如果我们相信我们所吃的东西代表了我们，那我们就代表了这个系统，一个实用的网络，一个想尽办法与其他人、其他不同领域联结的网络。所以我们需要规划，需要去实践。

[日记 14] 斯堪的纳维亚半岛的萨米人和蒙古人的交流

在“大地母亲”食物社群世界大会活动过后，许多参加活动的社团纷纷邀请慢食协会参访他们的家乡，如果旅途中我经过那些地方，也会顺道拜访。第一个机会很快来临，那是2004年11月，我在前往瑞典的旅途中，顺道拜访了当地慢食协会的代表。

我有机会来到萨米人居住的社区，这个地区的人常被误称为拉普兰人，但极少人知道，这个称呼其实有贬损的意味。这个地区人口只有7万，他们住在叫作萨米的地方。这里位于斯堪的纳维亚半岛北部，介于瑞典、挪威、芬兰及俄罗斯之间。跟我会面的萨米人，是“大地母亲”活动的代表，他们是一群游牧民（萨米人是游牧民族），他们的生活跟随驯鹿迁徙，主要职业就是放养驯鹿，并从驯鹿身上取得许多可食用的产品，例如烟熏驯鹿肉，就是以传统烟熏方式制作的驯鹿肉，不过烟熏驯鹿肉现在也几乎濒临绝迹了，所以慢食协会正努力想要挽救这一食品。

我们拜访了其中一个营地的传统屋舍（由大块木板建成的圆锥形小屋，地上是驯鹿皮、水草及松木枝，看起来非常舒适），那里靠近厄斯特松德，是萨米最南端的地区之一，驯鹿冬天迁徙来此，当地人捕猎它们以供食用。

我坐在房子里的火堆旁，聆听萨米人长久以来的苦难故事。

如今许多萨米人的生活都很现代化，他们住在可移动的房子里，乘坐由马达驱动的雪车，跟随驯鹿迁移；事实上，如果一年当中200天都处于零下30℃的环境中，却还没有实现现代化，那应该是很荒谬的事情吧。我也很幸运地尝到了美味的烤面包，搭配烟熏驯鹿肉，这可是一种具有很大商业潜力的优良产品呢！

我的向导是当时萨米议会的会长。知道萨米人对“大地母亲”活动很感兴趣，我很开心。我花了整整两天的时间跟他们相处在一起，走遍了萨米人整年跟着驯鹿四处迁徙的、看似荒凉但却令人心醉的地区。在斯堪的纳维亚半岛地区，现在竟然还存在这样一群游牧民族，看起来似乎不太可能，但他们让游牧有存在的理由，并且以此为傲。我听他们提及他们受到的不公平待遇。例如，经过不同国家或某些地区时，必须为过路权而奋斗（尽管当地农民并不欢迎，但事实上牧群的移动却有着重要的生态功能），也了解到他们独特、丰富、有趣的宇宙观。他们的宇宙观展现了融合神话的知识是多么重要。例如，萨米人早在伽利略之前，就知道地球是绕着太阳转动的，而这还是他们宗教信仰的基本概念。

最后一天下午，当太阳落到地平线下时（在11月的时候，大约是在下午3点），我们在完全黑暗的天色下散步。我问会长觉得“大地母亲”活动办得如何，他明确热忱地给了我启发性的答案。他说：“从来没有人为游牧民族做这么多事，他们现在正准备筹设跨国游牧基金会，如此一来，他们可以经常沟通，让彼此有机会联络、互相帮忙，遇到类似的困难或问题时，也可以通过网络交换彼此的经验及信息。”他说的这些互相联络、帮忙的点子，都源自于“大地母亲”活动，他们甚至已经收到来自蒙古游牧社群的联络请求！顺便一提，蒙古游牧社群也是穿越广大的大草原四处游牧，还骑着极为稀有、快要濒临绝种的普氏野马。跟萨米人一样，肉类是蒙古人的营养来源。

就在此刻，我了解到我想象中的网络已然成形。没有靠慢食协会的帮忙，单单是“大地母亲”活动，就已经鼓励了许多这类的彼此接触。如此一来，许多现代沟通的传播媒介，便是发展这种观念的最佳工具。的确，萨米人和蒙古人就是传播这类观念的最佳实例，他们忍受困苦的环境，却仍在这片土地上求生存，帮助他们尽可能过上有尊严的生活是很重要的。他们的生活中蕴藏着许多知识，可以让我们学习，正如同克洛德·列维–斯特劳斯所言：

> 虽然游牧民族跟其他人非常不同，但有几个事实却值得我们讨论，那就是他们在自然环境中，属于接受的一方，不像我们大多数人，只想当世界的主宰。这是民族学家可以从他们身上学到的宝贵经验，我更希望，当这些少数游牧民族与其他团体接触时，能够保持他们本身文化的完整性与独特性，这样我们才有机会从他们的经验中学习。

就这样，这些游牧民族在不需要别人告诉他们为何需要一个可供彼此联络的网络的情况下，发展了属于自己的“大地母亲”活动的联络网络，这实在是一件意义非常重大的事。

创建新网络

建立网络是我们的主要计划。当我们把食物描述成由人、地方、产品和知识所组成的一个网络时，不可避免地，我们便会像美食家一样，感受到自己是这个网络的一部分，我们属于一个食物网络，这个网络可以延伸到全世界的某个特定地方，可以广泛地存在于全球，也可以存在于单一的本土区域。这个网络当中会有许多的结点连接各个不同的领域。不过，目前很多结点本身根本不知道他们彼此之间是有关联的，他们被强行分开，各自独立，彼此之间没有交流（想象生产者与消费者之间的隔阂就能知道）。所以我们的目标就是要重新启动各个结点间的彼此关联，这就要从新美食家对品质的要求开始，然后尽可能扩展、延伸至这个网络中的每个结点。

这样的网络是最具潜力、最符合不同种类需求的革命性的工具，从全球公平交易的经济，到各个单一团体的可持续性活动，到人权的捍卫等，不一而足。

这一网络的主要特性，在于它的开放性，以及能够自我可持续发展的能力（这种能力使它更为公正，并对多样性赋予正确的评价）。此外，我们可以运用网络密度与广度的特性。密度是指网络中每一个结点或单位，必须在它们所运行的区域内触及更多的人，或以让更多的人加入为目的。如此便能从一个结点，创造出另一个新的结点，不断地扩大。广度指的是“朝其他区域扩展”，一起合作创新，开发新结点，增大网络的传播及普及力度，不断增强它，使所有结点成为一个整体。

多样性因此变得实用，它是一种创造及扩张的力量，能够促进共同利益（这不是指每个人都有相同的目的，而是说每个人都能感受到，大家其实是生活在同一个网络之下，共同为全体利益行动），也能保证网络本身的生存。

如同我们先前提及，在食物世界中，这个网络其实早已存在，因为食物是联系人及社会团体的最佳元素。但不幸的是，现今这个食物网络并没有正常运行，它被扭曲（源于大家知识的缺乏、生物多样性的消失、彼此沟通困难，以及到处充斥着的不可持续的行为），被不公平的潮流破坏（例如，强大经济力量集中在少数国家，生产活动集中化、产品中央处理化、味觉标准化及同质化、知觉感官受到阻碍）。新美食家要重新启动这个网络，加以扩张并强化这个网络（先前提到的密度及广度），同时要根据新的及正确的品质观念，让美食科学、传统知识及人类尊严受到尊重。不过，我必须在一开始就先说清楚：这并不是说我们可以行使审判权，并不是要把其他与这个计划不同的食物系统，如现代科学、现代工业、目前的经销系统等排除在外，而是指我们应该对这些领域施加压力，劝导它们改变策略及目标，让它们与新网络处于同一阵线。

我们必须区分不同的人在这个网络中各属于哪个结点，然后提供服务，让这个网络适当地发挥功能，借由各个结点当中所包含的内容刻画出它们的特性。这么做的目的是要保护多样性，让各个结点之间能有逻辑关系。设想，若这是一个很好的网络，那么它就能可持续发展，也能接纳新的主题、新的结点进入网络，当然也能够容纳更新、更多元的东西，还可以加强网络整体的流动性，促进更新、更真实的转变及成长。这将会是真正的可持续发展，和不计成本、只想发展经济的行为区分开来，而与人类的成长联结，融合共同利益，并且保证全人类会拥有更具希望的未来，以及品质良好的食物。

接下来，我会更清楚地解释这个美好的食物网络。这个网络是由生产者、中间商及共同生产者构成的，可以称之为美食家的网络。相信读者会原谅我以个人的故事开场，因为那些是思想的源起。它只是一个最初的想法，源自于首次被区别出来的独特网络——“大地母亲”这个社群网络。

立足当下的思考

网络的建立

2004 年不仅是“大地母亲”成功举办和美食科技大学建立的年份，也是脸谱网（Facebook）诞生的年份。直到今天，我对这些高科技的现代传媒工具可以说是一窍不通，只能解决最基本最必要的生活需求，可想而知 10 年前更是如此。尽管我远离数码世界，而且在生活中也许永远不会觉得发条信息比打个电话更快，但重新阅读这个描述网络却不涉及社交新媒体的章节，依然觉得印象深刻。我当然是知道互联网和电子邮件的，那几年，即使是在地球上技术传播最慢的区域，它们也是当时人们最热议的工具和词汇。不可否认最近一二十年，它们引发了改革。我们中的很多人有点滥用的一个词语“网络 2.0”，指的正是对用户可以独立自主创造内容，而成为网络一部分的衡量标准的完全颠覆，这在几年前自然是不可能的。这至少得追溯至 20 世纪 90 年代的大型新闻和门户网站了。那时，一篇文章如果不能被他们转发、评论、分享或者谈及，就被认为是没意思的内容。不久前我的一篇文章，在没供稿给任何签约媒体的情况下，几个小时内就被分享了 5.2 万次，充分证明了这是公众所关心的话题。当然，后来纸媒也就此话题迅速做出深入的报道。这就是改革：“用户”成为内容的创造者，网络中的每一个点都不再只是传播中的一个单纯的节点，而成为下一个发射点。我们熟知的互联网的所有缺点和野蛮运用，加上哲学家安伯托·艾柯分析的各种道理，这个工具的能量，如果被人蓄意采用，将是一个有力的加速器，可以加速文化的变革、民主体制的改革、经济的发展，还有人与人的关系。需要记得它是一个工具，需要考虑应当被如何运用。但映射到我们的网络里，我们的主角是生产者、研发者、厨师、渔夫和牧羊人，他们需要得到具体而稳固的支持，才不致本末倒置。他们很清楚地知道他们运用互联网的目的是为了加强人们之间的“网络”，即可持续生产的网络、区域经济的网络、以及化学、物理和智力相互依赖得以支撑的生态网络。电脑、平板电脑或智能手机，每次都用于讲述其生活的一部分，贡献其经济的一部分，但需要在头脑中时刻保持清醒的一点是：生命活跃在田地间、牲口圈里、厨房里以及手工和研究作坊里；尤其当这些场景中的人们相遇，目光相交，彼此交谈，相互陪伴着走一段路时，生命力更为旺盛。

“大地母亲”的活动经验

第一次“大地母亲”活动于2004年10月21—23日在意大利都灵举行，已经有太多关于这个活动的相关信息，而本书的目的，并非想推广现在由我担任主席的这项活动，以及它的起源经过，所以在“大地母亲”的聚会这件事上我不会着墨太多。不过值得一提的是，这个点子、类似这样的聚会，以及它的发展，是我们讨论“美食网络”的一个绝佳起点，所以我会稍微说明一下活动目的和内容，相信会对读者有所帮助。

我们的基本想法是，让来自世界各地的人可以聚集到同一个地方。这些人很重要，他们是“世间的智者”，包括农民、渔民、游牧民、工匠及其他从事生产或经销优质、洁净、公平食物的朋友们。于是我们规划出了世界性的联系网络，它是通过慢食协会联结的许多国际经验所创造出来的，并且我们也询问各地的联络人，看看哪些国家、团体适合参加这个活动。我们称这些团体为“食物社群”，当时大概有1 200个这样的团体，我们替来自130个不同国家的4 888位来到都灵的代表安排了这项活动。在那里，他们会发现我们的热忱以及等待着他们一起参与讨论的“地球工作坊”。这个工作坊的宗旨是协助他们处理比较一般性的主题，可能讨论女性的工作议题、沙漠化问题，或是其他特定主题，也可能是与小麦、稻米、玉米或水果相关的主题，视参加者的属性而定。这是我们联结各方多元化经验的方式，我们也提供简单（或民间传统）的示范，并展示多样性文化供大家参考，为类似的活动打下基础。

这个活动每天都开两次会员大会，还设置了一系列的地球工作坊，大量的信息在这些工作坊传递。这样的聚会实在令人感动，而且更有深远的意义。

我们的基本理念是，让原本不可能有机会对话的人齐聚一堂，邀请他们谈谈自己每天例行但却非常重要的工作。对于来自较贫穷国家的代表们，或是看起来支付参加活动所需旅费明显有困难的人，这次活动特别成立的委员会（由慢食协会、意大利农业部、皮埃蒙特地区单位，以及都灵市议会组成）将赞助他们的旅费，而其他方面的招待，则是由民间、宗教组织以及皮埃蒙特的农耕社群所提供。后者甚至还开放他们的房舍及农场，让世界各地的代表们参观。

对于这类“全球性”的活动来说，支付旅费、热忱的招待、官方的协助，可谓一项全新的创举。通常只有有钱有闲的机构或学术代表才能够四处旅行参与这类活动，但在这里，我们让大家尊重“行”的权利（可作为正式经验及文化交流的方式）；带给大家现代化社会已经越来越少见的好客热忱（这种好客精神，现在只幸运地保留在少数农民的世界里），同时更让大家有付出的感觉，让参与者有绝对的自信，相信自己有能力为其他人贡献自己的力量。

老实说，对主办单位来说，预估所有活动的进展是非常困难的，但是在“食物社群”及“美食共同生产者”之间建立一个网络的点子，是慢食协会一开始就提出来的概念。“大地母亲”和“品味沙龙”同时举办，聚集了来自世界各地的生产者，更重要的是，吸引了17万名见多识广的访客。

在“大地母亲”活动中，无数的热情被激起，这可以由我们后来收到的信件证明。参加者毫无疑问地感受到自己属于“命运共同体”的一部分，这命运由共同价值观所组成，而这些价值观，就是这些概念的核心。当他们回到自己的社群时，会发现他们其实并不孤单，这种归属感继续存在于他们心中。“大地母亲”活动并没有随着最后那场会员大会而结束，这样的交流不会结束，而是会继续创造新的观念，开启全新的世界，让大家最终都能知道并了解它所代表的真正意义。

食物社群

借由“大地母亲”从计划到一步步实施，以及想把活动持续下去的愿望，在此我们应该为“食物社群”这个概念导入方法论上的意义。

第一步，要为受邀参加大地母亲活动的每个人做出定位，也就是要有清晰且实际的需求。我们把这群人分成若干单位，由他们当中的领导者或最具沟通能力的人做代表。我们得到的消息指出，有很多不同的社会团体都参与另类的营销方式，包括整个村庄、家族、小型族群、小型生产商、自治团体等，而这些团体的形成是基于一个全新且正确的品质观念。如果只以地理学来定义食物社群会显得相当受限，因为他们所属的区域各有明确的分界线，但事实上，他们能代表更广大的地理区域，有些甚至代表了整个国家。

结果如大家所见，我们筛选了1 200个社群，他们派出代表在都灵集会，每个社群中选出的成员都能有效且清楚地表现他们不同的专业及鉴赏能力，结合他们的专业及鉴赏力，就能确保一个产品的成功。我们之所以选择使用“食物社群”这个名称，是因为它最能代表这些团体的差异性。他们全部都是社群，像是在村落里可以轻易辨识的团体，或是有共同价值观的团体，好比命运共同体，而所有团体都借由种子的保护，将农业、畜牧业、渔业、加工业、销售、推广教育以及其他美食活动结合在一起，以确保特定食物的存续。所谓特定食物，通常是指小规模生产的食物，要确保它们能够到达人们的口中。这些社群几乎没有显赫的机构头衔，他们不属于世界上的贸易联盟、政党，以及其他相关运动。参与“大地母亲”的生产社群，都是由单纯的普通工作者组成，而在举办这项活动之前，他们常感到相当的孤立。

这些就是“大地母亲”主办者的原则，也说明了活动的特色：根据不同食物种类的确认、所使用的生产技术、常见问题等，去确认哪些食物社群分别属于哪些相关团体。

然而，食物社群不只是本活动的组织基础，也是达到目的的工具。很快地，他们就演变成一些潜在的组织或网络的结点。大家在活动中及活动后都表达出想与彼此保持联络的意愿，旨在交流信息及想法，为彼此提供支持与协助。事实上，这些社群一旦被识别出来，一个新的网络就诞生了，这也成为整个计划的一部分，当然，这个计划并没有随着活动结束而停止，我们仍努力为其他类似的活动提供范围涵盖甚至更广的活动。

我们的目标是把大家聚在一起，建立一个与美食相关之人的联盟。首先从身为新共同生产者的消费者开始，例如在慢食运动的支持下结合起来的消费者，然后到厨师、零售商、工匠及小生意人等（我要特别强调的是，慢食协会所充当的角色，只是提供服务而已）。这个联盟必须是以美食利益为核心架构起来的，每个人受到共同命运的自觉激励，因此产生同样的想法，感觉到自己属于地球的一部分，这些驱使他们尊重品质及多样性。最棒的是，他们也已经准备好要和其他人建立关系，与其他外部已经存在的良善网络接触与交流。

美食家的世界网络

再说得清楚一点：我们的目的并不是建立贴上理想主义标签的网络，而是要为一个网络系统建立基础，让它可以成功地增加密度及广度，在扩张时能够保证多样性被成功地吸收到这个网络里。

所有牵涉在内的主题都具有平等的地位，所有人都被视为美食家，他们分别属于不同的文化，在食物世界里各有不同的角色。

如果把这些不同的食物社群集合在一起，可以发现他们是由下列不同的部分所组成的：

- 与生产社群联结的结点。
- 一群有组织的共同生产者团体，例如美食、生态、社会团体，或为了教育，或为了共同采买的团体。
- 来自世界各阶层的厨师，从属于社会名流的知名主厨，到世上最荒凉地区的街头小贩，或是帮家人或社群煮饭的人。
- 与美食有关的大学、科学机构、研究传统知识的研究中心，还有维持传统的人们。
- 每一位觉得自己属于“命运共同体”的人，想借由食物及所有与食物相关的东西去影响未来的人。

分享共同的价值观保证了民主的特性，这一点特别适合美食网络这个项目，因为所有人都有一个共同点，就是大家对“美食学”（文化、菜肴等）、“品质”、“知识”、“教育”，甚至不同意义的“社群”的界定，是多种多样的。对于当地的或特别的东西，也有清楚的定义，知道它们是某些特定地理区域的独有特色。

因此，就像其他所有网络一样，我们称之为美食家的全球网络，既是本地化的，也是全球性的。它多元却团结，关心每一个社群，以食物为中心，是一个良善的网络，也就是说，它是创造而非破坏。它想要增加可以共同分享的领域，而不是制造分化；它把所有其他不同的，侧重一些特定需求但同样立意良善的网络联结起来；它能容纳多元的网络，这个网络能平衡埃德加·莫兰所说的四具引擎对地球及人类造成的伤害，进而创造快乐及人类福祉。

当我写这本书时，心里也明白一个事实：这些网络的先锋成员，例如“大地母亲”活动中的食物社群或是慢食协会，只是全人类的一小部分。但是在这个网络所示范的例子当中，传达出去的价值观却是很重要的，它能自行持续地维持发展，并促进与其他网络同盟之间的关系。

这让我想起家乡一位移民到阿根廷的老人家两年前给我讲过的故事，如果他还活着，应该已经超过100岁了！就像许多皮埃蒙特人一样，他年轻时移民到阿根廷。他告诉我1908年的布宜诺斯艾利斯的景象、探戈舞的审美标准如何发展、当地某些区域的意大利侨民如何坚持继续使用皮埃蒙特的方言，以及如何靠着现在几乎不存在的“团结一致”建立家园。他还说在南美大草原上，他曾经目睹大批蝗虫入侵，阻挡了一列火车。火车因为辗过成群的蝗虫，造成车轮打滑，导致脱轨，这是昆虫成功阻止机器的一个实证。

我们也是人类中很小的部分，就像不起眼的蝗虫一样，美食网络现在约有20万人加入，但已经有了共同的价值观，并且稳定地扩展它的范围，与地球上其他有着良善道德价值观的人连成一线。当我们渐渐抛开孤单感（就像“大地母亲”参加者所感到的那种孤单）时，我们就能在命运共同体的名义下共同合作，没有任何企业、科技的改变或机器的发明能阻挡我们对快乐的追寻，因为我们就是那群阻挡了火车的蝗虫！

美食网络如何运作及必须运作的理由

全球美食网络就是基于这些理想及观念而诞生的，但也要通过现实层面，才能让大家认识它，并有效地实践它。那些希望推广这套网络的人，必须视自己为提供服务的人，提供工具以刺激大家去辩论、交换意见、交流产品，甚至交流人才。

相信不用多说就可以知道，当我们讲到网络时，无可避免地必须谈到新的沟通科技，以及对该社群文化而言可取得的技术来源有哪些。网络是现今最伟大的全球沟通工具，它符合美食网络的需求，它能建立联络方式、提供信息交换的渠道，它能保存档案让大家自行获取，不受空间、时间的限制，它让即时的行动组织成为可能，也能实现实时销售体系的管理。

电脑虽然不是绝对必要的先决条件，但却提供了一个最基本的工具，尽管我们知道它明显受到限制，也就是说，在某些地方，仍无法使用这些设施。但这是电脑教育及基础建设的问题，是可以慢慢解决的。我们确实可以将世界分成两半，一半是使用网络的地区，另一半是不能使用网络的地区，但能够使用网络的人数正不断地快速增加。卫星及电脑科技让所有人都能使用网络，现在就是如此。在许多食物社群当中，即使在最偏远、最孤立的地方，通过互联网彼此沟通也已经都是事实了。因此，当我拜访完位于巴西中部托坎廷斯的克拉侯人，正准备离开时，他们骄傲地对我说“保持联络”，并递给我一张写着他们电子邮箱地址的纸条。

我们必须努力提供可用的资源，也要善用专家的建议忠告，设计出一套网络，以协助美食家的网络建立一套适当的服务。这也许可以作为一种让美食网络被认识进而被认同的形式。

这是有关计划方面的事，因为网络系统如何运作，不可避免地需要组织管理，并保证让它持续运作下去。这个网络的运作，未来有可能使其他计划遵循新的价值观来进行。例如：产品不再受财务限制的影响，一个与金钱脱钩的经济体系，促销非物质的产品（不是为了赚更多钱而做的促销）及特定能力；建立创新、符合可持续规则的新经销产品系统；更广泛的移动权利；不同的人类经验互相交流，进而互惠互利；还有带给传统形态的知识以及农业社群生活新的尊严。

这个网络的目的，是让新选项能持续地运作，协助并给予它们某些特定的资源。每一个行动计划都是整个网络的一部分，必须充分运用。不同于以往文化多元性在生产行为中受到剥削，在这个网络里面，参与者的经验及技巧要做功能性的调整。总而言之，我们提出一个回顾过去及历史（包括每一个社群、每一个人的总体历史）的创意，并证明它深具现代性，我们也检视现在的状况，关注地球，以及我们的胃所面临的问题，并保证能有一个不同于所谓的“命定”的未来。

这不是单纯的乌托邦，而是政治理论，以知性上的努力发现发展人类某些力量的方式，这些力量目前被错置及低估。这个网络可以，也必须运作，因为这个方式可以逐渐修正我们食物系统中明显被曲解的价值，改变机械管控运行的世界里所产生的错误价值观。接下来，我想提供一些第一手的例子，说明这些想法与实际的情形。当然，幸运的是，这个美食网络的潜力，已经在“大地母亲”活动的成效中一览无余，虽然该活动从举办至今才经过了数年。美食家的网络必须能确保网络内的人、事、物的流通性，包括：

• 信息的流通：在各个不同的阶层，利用电脑及口头沟通的交流，贯彻教育策略。

• 知识的流通：包括新美食学或旧美食学方面的知识或其他相关领域。

• 产品的流通：让大家遵守品质的新观念，对我们的味觉及心灵才有帮助，地球才能可持续和公平，每个人的尊严才能受到保障。

• 人与人的交流：因为人是网络中的支点，如果这个网络要找出其力量所在，要找到宝贵的资源、知识、信息及产品，如果全人类想围绕着网络团结在一起的话，他们的行动力，直接体验的能力，以及与他人相处、向他人学习的能力等，还有其他不能在书中学到的东西，都必须要进行交流。

[日记15] 美国旧金山与意大利巴亚尔多间的文化信息短路

1月初，大约在主显节的时候，我习惯在蔚蓝海岸待上几天，和阿尔贝托·卡帕蒂及维托利奥·曼加内利一起想着位于波冷佐的美食科技大学该如何运作。在我返家途中，根据慢食餐厅指南，我们朝巴亚尔多前进。经过梵提米格利亚的内陆小村庄，我们停在一间小餐厅旁，觉得自己好像回到了过去的时光，重新品尝了传统利古里亚料理的滋味。前往梵提米格利亚的路况很糟，更糟的是，途中还遇到了一场小小的暴风雪，不过最后这趟旅程却有了丰硕的回报：在那个只有少数居民居住的地方，我们尝到了最棒的午餐。接下来的旅程也很特别，不断飘着大雪的下午，我们花了三个小时才到家。

三天之后，我飞到旧金山，参加美国慢食协会会议。在会议中间休息的时间，我去了一家位于嬉皮街的唱片行，那里有我见过的最丰富的音乐典藏。我对民族音乐的热情由来已久，不自觉地驻足民族音乐区。在那里，我发现了由艾伦·洛马克斯所录制的传统音乐选集。艾伦·洛马克斯是民族音乐学的前辈，这张选集是他1954年在意大利时录制的。艾伦·洛马克斯游遍世界，搜寻民族音乐的录音，建立了相当多的音乐文献，有一部分放在华盛顿特区的美国国家博物馆里。这一系列意大利歌谣选集，由巡回唱片公司发行，我发现其中一张CD，来自于利古里亚，名为

“巴亚尔多”，这让我非常惊讶。在难以置信的情况下，我买下这张CD带回酒店，并马上打开聆听，从唱片封套及照片中可以得知，这张专辑正是在我们前几天吃过饭的村庄录制的。于是我马上打电话给巴亚尔多小餐馆的老板，问他知不知道有这样的一张专辑存在，但他表示完全不知道。我请他帮我问了一下，果然只有老一辈的人才记得大约50年前为一位美国访客表演的当地歌手的名字，但是现在没有一位歌手还在世。这些美好的回忆被保存在华盛顿特区，而意大利当地的利古里亚地区议会及巴亚尔多的人，竟然完全不知道有这张CD的存在，真是令人感到悲哀！这些歌曲就像是史诗叙事歌谣，像是19世纪科斯坦蒂诺·尼格拉写的那些美好歌剧，保留了非常珍贵、几乎已经绝迹的技巧。这些歌曲极具当地节庆聚会典礼的特色，而这只有在艾伦·洛马克斯在1945年发表的作品里才听得到。当时他带着一个装满了录音机器的背包，成功地请求巴亚尔多当地区民为他表演。在那趟旅行中，还有迭戈·卡尔佩特拉同行，他可以说是意大利最伟大的民族音乐学家。我不禁想，民族学这门科学，是否有一天能够得到其应得的认同。

我们现在处于一种从来没有过的、我称之为“急救民族学”的情况中，必须在更多的意大利历史或其他地区历史遗失前赶快行动。旧金山及巴亚尔多之间存在的这种“文化信息短路”，驱动了我的思想列车，让我觉得有必要去保存世界各食物社群独特的文化表现形式，并制作成档案资料、文献。这些表现形式和美食文化息息相关，毫无疑问除了具有文献价值以外，也为未来新美食学的史料编纂提供了具体的基础，并能让我们更了解食物社群与当地独特文化的关系。

我认为录音、建立资料库并储存这些信息，是所有社群成员的义务。他们必须确认自己能亲手传承信息，不论以哪一种形式，都要把他们的歌曲、故事、宗教、仪式庆典、习惯及习俗传递下去。

的确，旧金山与巴亚尔多之间的文化信息短路重新唤醒了我的热情，让我回想起以下故事的始末——那是我所受教育中最重要的元素，也是驱使我一直支持且更加深信“急救民族学”想法的原因。

在1977年的时候，我完全想象不到5年后我的兴趣会转移至美食学的研究。那些日子我献身于当地文化组织，并促成库尼奥地区阿尔巴的书店开幕。那段时间，我认识了努托·雷韦利，他当时刚完成一本大作《挫败者的世界》。这本书是依据库尼奥地区农民口述回忆的记录及抄本所写成的。这个方法及雷韦利的敏感度，马上令我折服，特别影响了我后来留在兰盖拜访当地小酒馆的日子，也让我接触到他书中研究主题的人们。由于我深信这套文献记录的方式，因此我也代表马蒂诺中心开始记录这些地方小酒馆里的歌谣（当时我还不知道艾伦·洛马克斯是谁呢）。毕竟他们是我的同乡，到了今天，若我想到这些歌谣跟着最后剩下的见证人一一消失，我心中一定充满懊悔。因为这个工作，我可以，也应该能有更广泛的影响力。那些歌谣是珍贵的宝藏，只是现在几乎都消失了。

但是在1990年，我有机会在《兰盖地区葡萄园地图》一书中运用到我的经验。这本书是回应分类的需求，并描述巴罗洛及巴巴莱斯科的顶级葡萄园。唯一能定义南皮埃蒙特顶级葡萄酒风土的方式，就是汲取当地乡村居民的知识，以及阅读有关这个主题的为数不多的专门研究著述，如农学家洛伦佐·梵蒂尼在19世纪末出版的《库尼奥地区的葡萄栽培及酿酒学研究》、费迪南多·维尼奥洛塔地在20世纪20年代出版的《传统葡萄酒生长区域的界线划分》，以及雷那托·拉蒂在20世纪70年代出版的《巴罗洛地图》。

在这些基本记录中，我加入了最老的酒商与他们妻子共计超过500个小时的谈话录音。不可思议的是，除了研究葡萄园区域等级的界定（在农村居民的记忆中，用某些葡萄园的葡萄来酿酒是不可缺少的），这些录音同时也提供了一连串见证当地经济及20世纪早期酿酒文化的资料。所有由慢食协会出版的作品中，《兰盖地区葡萄园地图》无疑是最深得我心的一本书，即使到现在，当我再度看到照片中的人物，再读那些故事时，仍然能了解到早期乡村社群完全不同于现代的生活。

我非常感谢雷韦利借由他的作品带给我的灵感，他的作品表达了当时人们的全部生活，再现了那个贫穷艰苦年代的人们如何通过美食学、经济学、文化及社会生活，对土地转型做出贡献。

我很高兴《兰盖地区葡萄园地图》为未来的世代保存了我出生那会儿的艰苦生活状态，一位阿尔巴地区的妇女曾经这样总结这种生活：

> 佃农的生活是困苦的，地主从未分给我们公平的收成，反而总是给得更少。我们没有安全感，如果地主把地卖了，我们就流落街头。在圣马丁节的时候，我们还要移到别的农场工作，那真是不幸的生活。

如果说此刻我的感受，那就是我强烈地认为，应该要让雷韦利的研究方式成为标准模式，成为制度化的做法。新录音科技的贡献很广，一般民众的口述历史、个人的经济历史，都尚未被开发。在“大地母亲”活动时，我见到许多与会者，并聆听了许多关于他们的故事，我变得更为确信：将这些资料制作成一系列的资料库非常重要，如同先前所言，应该把社群本身放在第一优先的位置。

当然，一部分原因是为了树立榜样，另一部分则是因为这些想法深深吸引了我，所以我马上从自己的家乡布拉开始着手。在那里，我和同事创办了一个小型的历史研究中心，目的是保存属于当地及居民的回忆。这个研究中心持续地小规模研究小镇的过去，制作影像档案，记录下许多老人家对其生活及他们与小镇关系的描述。这些研究成果、影像等被制作成期刊，我们与当地居民正在整理这些录影档案以及其他未被发现的资料。我从自己的家乡开始做起，也希望大家都能如此；我梦想着有一天有一个世界性的网络，努力创造这类文献，完整地将其系统化，如此能为未来及新美食学留下无法估量的宝藏。

带来文化的改变：美食家世界的全观愿景

美食家网络的主要论述方向就是美食学及食物生产。但如果我们把上述讨论过的论点以及保证网络内知识的交流列入考量的话，两个因素必须立即运作。一是联结美食相关的学科，在传统知识与现代科学知识之间互相交流，也就是所谓的“不同领域间的对话”；另一个则是当美食网络扩张，成为其他网络系统中的一部分时，要打开我们的视野，看到比美食学更广的层面，尽管美食网络现在已经够复杂的了（见第 4 章）。

这些因素与网络构建计划并不冲突，事实上，我深信它们是结构的一部分，可以建构出有力量、有创新及现代化的网络。

在网络内可以发现“不同领域对话”的潜在表现，这个美食网络包含了传统生产社群及其文化与技巧，好比教授食物生产及农业的大学，不会排除人类学、民族学及历史等其他领域。

同样的说法也适用于主厨，在当地，他们是生产与消费之间最直接的通道，而由于这个网络，他们会发现，自己和那些研究营养学或食物加工处理等现代科技的人其实都是处在相同的位置。

因此，美食网络能建立与不同领域之间的知识交流，带来新的认同、新的进展、可持续性的创新以及各种专门领域之间的充分交流。这些专门领域目前要么是过于自我设限，要么就是不被官方文化认可。

这些不同领域的对话已经被农业生态学理论完整地定义及讨

论过，不只是基于生物多样性，也基于传统形式的农村知识的再发现。甚至美食学校的存在，更需要比其他机构反省到这一点，研究必须包含农民的营养历史以及如工匠技艺般的烹饪传统，而这些正是构建美食学的所有条件中最伟大的表现。

如此的辩证能力可以实施卓有成效的保护，让不同形式的知识能在具有同样地位及正当性的前提下平等交流，这必须来自深层文化的改变、认识论上的改变，从不同的知识取向开始。

文化上的改变可以在网络内找到驱动的力量，从逻辑上来讲，如果启动了美食网络，便能尊重多样性，尊重有经验的人、团体及社群，以及尊重进入这个系统的人。当这个网络扩张并增强时，这一改变不可避免地让我们区分出不同文化的重要性，并视之为系统本身的主要元素。更确切地说，这是网络视野的扩展，对环境食物的复杂性、自然与文化的要素有更大的自觉，因此总是将它们放在同一脉络里思考。

我们需要的便是我称之为美食家网络的“整体性”文化视野，这一视野将美食学从民俗的领域中解救出来，让它和其他大众文化拥有同样的地位，尤其是那些常被归类到“民俗”方面的事物。

建立一个全球传统文化的编目系统

重新定义美食学也是维护其科学地位的努力方法之一，就像我们在本书中检视的科学一样，传统文化的其他形式已经降级到民俗领域，比如舞蹈、歌谣、口述传统、建筑、工艺品及特定的生产方式（例如工具的制造）。什么是属于民俗领域的呢？和民俗有关的东西只让人联想到以前的一些说法，让人们回想起早期困苦生活的情形；民俗不再属于人们，因为过去的传统只存在于热闹的游行、集会或是节庆活动的场合，例如村庄的市集，而不再是人们每天的日常生活中。

让民俗学变成具体化的文化认同，会比纯属追忆的民俗学来得好。我的意思是，必须让它们再度属于人们，它们必须活下来，至少要有让大家知道的机会。在习惯与习俗已深深改变的现在，我们必须采取积极的保护行动，在那些日常生活仍保有民间传统惯例的地方，必定有着丰沛的交流关系。

过去50年来的文化灭绝深深影响了乡村世界，如今同样的错误将持续下去，因为工业化农业的模式传播到地球上的新区域，这不只跟食物及环境有关，这种毁灭行动也影响了一系列存在模式，最典型的例子是影响了农民身份认同的基础。这些生存模式构建着农村居民的文化框架，也包含了有别于科学的其他形式知识，但其重要性却不亚于科学。

美食家网络的概念如果不能让被拯救和研究的文化得到认同、复活并产生功能，让这些文化的细节保存下来，那么这个概念将是矛盾的。

传统文化注入当地会存在一定特殊性，就像生物多样性和日常农事，若脱离了食物生产系统将是令人难以想象的。在复杂的当地系统中，大众文化的元素也应成为农业系统中不可或缺的部分，而农业系统也是大众文化结构性的一环。

美食家网络的另一项任务是，必须增加他们的兴趣，超越食物范畴，把生产系统视为一个整体，尊重生物多样性。

在第4章中提及的计划，必须优先处理亟须保存的歌曲、舞蹈、说话艺术及所有被认同的其他表现形式。让这些文化形式的表现，能在它们具有特色的生产系统中维持功能，如此第一步要做的就是：确保它们不会消失。

这个网络也应该负起责任，开始把所有这类形式的知识编目制成资料库，借由拍摄影片、抄写、录音等方式，保留自己文化的精髓，而不要只是在美国国家博物馆或意大利马蒂诺中心才能找到相关资料。现今的储存技术可以说是完全适合这项计划，也允许即时取得内容。我们只能想象这是一件意义重大的事，几十年后就可以有一套完全可供自由使用的全球储存系统，每个社群都能把与长辈的访谈录制成影片或音频传承下来，如此便有大量的资料可供研究，进而发挥传统知识的强大潜力。

总而言之，我们除了明显需要保存传统知识之外，还需要规划系统性的记录和存储方式，并保存不仅仅是与食物相关的各种形式的知识，因为：

- 它们包含了尚未和其他领域对话的大众知识，而我们必须在它们变得无法使用之前将它们保存下来。
- 它们是社群特色的具体再现，是社群值得骄傲的原因，也是任何外来者想了解这些社群的关键。学习这些知识是尊重的表现，也是一种沟通的方式。

• 这些不同形态的知识是社群生产系统中的一部分，它们必定不可避免地在某方面影响该社群，必定能协助我们更详细地研究该社群。它们是整个脉络的一部分，就如我们所见，这一切绝对与食物生产系统息息相关。

• 它们是正确描述网络内生产者社群及人类活动史料的保证，是多年来所走的路线中最成功的交流模式，也是许多日常类似问题的解决办法；同时，它们也会再加强这种知识形式的认同感，不断产生且刺激这些纠葛不清的根源。事实上，目前这类史料（包括食物的史料）缺乏足够的、能有效达成任务的材料（因为这些材料一般来自贫困阶级，而他们比较缺少自我再现的方式）。

大学及农业生态学

针对不同形式的知识、技术、民间传统及其他的食物生产社群，建立系统式编目资料库并不是终点，尽管它的确成功地留下了无法估价的文化遗产。

农业生态学理论被认为是一门深受农民传统知识影响的科学。这些形式的知识和科学的地位相符，和其他科学具有同等的尊严，因为它们是几个世纪以来，经由单纯的实证经验以及对环境的适应演化而来的。传统形式的知识可以完美地搭配其所在的环境脉络。相对地，环境脉络（如生物多样性、气候、地形学）也能让我们充分了解到这些知识形成的企图及有效程度。如果没有环境存在，这些形式的知识就会失去力量、意义及应用的可能性。从保育的角度来看，传统形式的知识是一种珍贵的资源，维护、研究及再造这些知识，能帮助我们创造出适合可持续发展的条件。

但是，如果我们承认天然环境脉络的重要性，那我们也必须承认社会脉络的重要性。促成耕作及生产的这些知识形式，同时也与宗教仪式、信仰、宇宙观、习惯及习俗等系统相关，与口语、工艺、技术的表达形式相关。所以我们可以很清楚地了解，为了让这些知识在网络运作，保持活跃，我们必须把与社群相关的社会生活知识也列入考量。它们赖以生存的整个环境脉络必须被保存下来，才能持续和谐地发展。但是，由于引进了非可持续的技术，目前这种和谐性已经被粗鲁地扰乱，而这些技术对于我们存在的环境而言太具侵略性，更不尊重环境。

因此，除了把这些形式的知识制成资料库以外，计划中还必须包含资料库的发展，要维持它的运作，研究它对生产系统的实用价值，以及它的教育含义。

顾及传统农业生态学激发出的愿景，联结制作传统知识资料库的人和投入农业生态学发展的人，才是明智之举。如此一来，后者可以得益于资料库，并对资料库有所贡献。在全观的视野下，在文化改变的名义下，强调民间传统及小型农业活动的关系，正是这套网络的第二个计划。

在我看来，要开始施行这套优质的流程，最有效率的办法莫过于让这些区域的学术文化重生，找出对这方面观察最敏锐的学者，将他们网罗到系统中。我希望看到所有大学都建立研究传统农业生态学的院系，而人类学及民族学的研究，也能在网络的强大多媒体资料库的支援下，成为这套教育及研究流程中不可或缺的一部分。

因此，这项计划非常需要学术界及这些方面的学者加入，敦促他们不要只在自己的特定领域钻研，必须对其他学科敞开心胸，才能进一步探讨其中存在的复杂性。交由这些学者重新理解、重新定义传统文化的价值所在，因为这些知识不管是在西方还是在发展中国家皆备受攻击及威胁，并正以不可思议的速度消失。只要想想过去几年来世界上多少种语言、多少种方言正在消失或已经消失，就不难理解，而这只是众多文化认同消失的一个指标而已。这让我们害怕，我们如莫兰所言，正以不可持续的四具引擎母舰的速度，驶向同质性文化！

一个“整体性”的知识网络

要想扩展文化及运作上的愿景，使其真正具有全观性，首先必须维护多样性及复杂性，把它们联结到网络，让它们能在这个计划中发挥功用，让地球借由食物生产系统重新找到正确的生命韵律。

建立传统形式的知识资料库，是保育及尊重的行为。投入跨学科的研究（从农业到歌谣）知识，代表我们努力地想了解最广泛及包罗万象的各种问题。如同美食学教导我们的，我们需要许多显微镜去了解囊括不同信息的系统。我们必须对这些信息系统进行重叠比较，借由诠释基模[①]，破解现代科学与传统知识两轴相会所带来的复杂性，以及各种不同层次的特殊性（如本地/全球化，专门/全观），进而找到不同信息系统的关联之处。

所有这些都被联结在网络里，它所产生的复杂度，无疑是很难去管理的。但我们要记得，这个网络事实上并不需要被管理。我们要做的只是确保它发挥功能，让大家能清楚了解它，进而能让人们有所行动。

既然网络本身就是高度复杂的，借由渴求不同层次类别的多样性，就一定能保证它自身持续地运作。在这一意义下，传统及美食文化的全观愿景便是这一充满野心的计划中不可或缺的部分。

---

① 诠释基模是指人们诠释行为的共用知识库，它能帮助人们达成有意义的互动与沟通，进而生存与再产生表意的结构。它是社会科学质化研究方法的概念之一。——编者注

[日记16] 墨西哥恰帕斯州农民的玉米保卫战、洛克菲勒的有机农场

在与不同食物社群会面的这么多年来，我常常发现自己对抗市场的不一致性，这种不一致性对农民造成了很大的困扰，不论是发达国家还是发展中国家都一样。我见过所谓食物链的两个极端如何不停地受到惩罚：一端是农民，另一端是消费者（也就是生产者及共同生产者），他们必须面对接近矛盾的情境。

例如2001年，在墨西哥恰帕斯州的洛斯·阿尔托斯地区，当地贫穷的农民就面临一系列与他们自己原生种玉米生产有关的问题。

玉米源自墨西哥，玛雅人甚至认为人类生自玉米穗轴，时至今日，墨西哥仍有数百种玉米。然而，最令人讶异的是，墨西哥日常消耗的玉米中，高达40%是从美国进口的；更不可思议的是，很多墨西哥原生种的玉米竟在美国被注册专利，成为美国工业化农业下的产品。

几乎很自然的，洛斯·阿尔托斯那些不会读写也没参加过全球化辩论的农民开始怀疑：为何市场上只能看到白色品种的玉米及美国制的白玉米粉？因为他们自己种植的玉米可是有红色的、黑色的，也有黄色的。他们也不了解为何那些“郊狼”（指进行这些商业行为的中间商）以每千克1.5比索（约0.55元）的价格收购他们收成过剩的部分；然而，当他们收成不佳，需要玉米时，这些“郊狼”却向他们索价每千克6比索（约2.2元），而且卖给

他们的还是更低劣的一种玉米。

在这种情形之下，必须要有某种程度的介入才行，所以我们决定和洛斯·阿尔托斯的农民合作，实施“卫戍计划”，保护4种主要的当地玉米品种，并补救受到不公平扭曲的市场。会议的冗长令人厌烦，因为得先从意大利语翻译成西班牙语，然后再翻译成当地的策尔塔尔语。社群做决定的流程很公平，直接到你无法想象，每个人都可以也必须参与流程，最后他们接受了一个小型财务援助的计划，帮助他们的系统运作，借以保护自己的品种，主要是因为这样他们可以赚得更多、花得更少。

这个财务援助计划通过当地农家的训练课程进行，重建名为“milpa”的栽培地（一种小型、家庭式、混合作物的农耕单位，农业生态学理论赋予其重要意义）。栽培地对自给自足的家庭而言，是一种理想的方式，对环境保护也是。但是当地的“郊狼”强烈反对，他们支持单一作物。我们得到授权，代表当地农民进行基因研究，并授予他们当地原生玉米的基因遗产独家专利权，因此消除了专利权被盗取的危险——这是他们最害怕的，过去已经有了很多惨痛的教训。不过最重要的是，找到了一个简单又聪明的方式，解决了商业化的问题，也就是社群生产链被封闭，消除了中间商，重建了一个内部市场，有了共同的品牌及公认的价格：大约是每千克4比索（约1.47元）。任何人只要收成过剩，就可以以4比索卖出，而非从前的1.5比索；若是收成不佳必须购买玉米，也只要4比索就可买到，而非从前的6比索。

从这个简单的例子中可以了解到，把食品及农业链的距离缩短，能为原始卖家及最终买家（也就是指农民及共同生产者）双方都带来利益。但不幸的是，我们离成功地重新规划贸易及经销系统还远得很，这问题也使得世界的富裕地区感到痛苦。

2005 年 7 月，意大利普立亚地区的农民正对于他们的番茄及葡萄收入过低表示强烈不满，其中一人还以暴力表达。当时我正好有幸遇到戴维·洛克菲勒，他是工业家约翰·洛克菲勒二世最后一个还在世的子嗣，当时已经 90 岁了，是一位非常令人钦佩的人物。他的身体状况与他的同龄人相比，好得不可思议，特别是他表现出的智慧及好奇心，让许多 40 岁的人感到惭愧。我在他的纽约办公室与他会面，拜会之前我先拜访了一个属于他的石仓示范农场。这座农场位于距纽约北部大约 100 千米处的哈得孙湾，农场历史可以追溯到 19 世纪后期，当时的一家之主，也就是戴维的祖父约翰一世，由于想要喝到最新鲜的牛奶，因此物色了一块乡村土地饲养奶牛。从那时候起，年轻的戴维便时常在乡村度过夏日。后来农场面临破产的窘境，戴维的妻子佩姬热爱农村文化及乡村生活，完成了石仓农场的复兴。如果没有她的努力，农场现在已经不存在了吧。1996 年，为了纪念佩姬，戴维决定赋予这个家族农场崭新的意义，让它成为可持续性的农场，成为高品质农产品的典范。对比当时盛行于美国乡间的想法，这个概念令人极为向往。

现在，参观石仓农场里壮丽的建筑物及附近的环境是相当令人愉悦的，半亩的温室全年生产品质极佳的有机蔬菜，牛舍也设置成一个极轻松的环境。这不只是一项慈善事业，而是一项既可以充分获利又可以尊重各种可持续条件的事业。每样东西都可以回收利用，所以有很多的堆肥，多到农场本身用不完，还必须对外出售。它的农产品种类很多，从各式有机蔬菜到主要的传统品种培育，都有；农场也施行密集的教育训练，持续不断地有纽约的学校来拜访这个农场。

我震惊于自己所看到的事实。为了完全获利，他们努力以生产优质、洁净、公平的食物为目标，甚至发展出了自治的经销系统，这个工程雇用了许多对未来拥有好主意的年轻农夫。这里所生产的农产品，要么经由社群支持的互助农会卖给共 70 个会员家庭，要么就是卖给附近的农民市场。然而，大部分的农产品销往两家和农场有关的餐厅，两家餐厅都叫作蓝山，一家在农场里面，另一家在曼哈顿，加起来一天可卖出 1 500 多份食物，都是以可追溯源头的新鲜农产品做出来的。这些餐点都是由丹·巴博这位才华横溢的年轻主厨所负责的。

这个计划运作得非常顺利，是可以在世界各地复制的一个好计划。而介于农场、餐厅、大众及年轻农场工作者之间的这种关系，因为侧重可持续性及品质，所以是相当现代的生产模式，既能获取利益，同时也完全具备多重功能。它显示了这种模式是可以成功的，在工业化规模、不可持续销售及经销食物的模式下，真的有一种传统农业生意的另类选择。

我想起了普立亚地区农民的抗议，他们之所以荒谬地示威抗议，是因为他们标准化、低品质的农产品没有被大型经销系统采购，因为那个系统早已被其他区域过多的生产给淹没了（有些可能来自国外，因为国外的蔬果可能比较早收获，因而也比较便宜）。当整年的利益面临损失，导致农民愤怒的抗议爆发时，政府就被迫补贴这些农民，也因此扭曲了市场的机制，多余的产品被送到发展中国家当作人道援助，更是损害了该地脆弱的市场以及已经存在很多问题的贫乏生产。因此相反地，我们必须做的是重新定义经销系统，缩短销售链之间的距离，把石仓农场或在墨西哥恰帕斯州当地成功的小型计划当作范例。

如果我们能强调品质及种类，而不是像工业化食物经销系统那样强调数量；同时也强调发展另类选择及当地市场，希望从中发现优质、洁净、公平这些附加价值，让产品确实值那个价钱，那么我可以确定，普立亚地区的农民可以避免2005年夏天的情况再度发生，进而能够获得一个改进他们产品的真正机会。

创建一个公平、可持续的食物经销系统

农业系统现今最大的缺点之一，不论从全球看还是以某个地区而言，就是它的经销系统。过去50年来，我们看到的不只是工业化及随之而来的农业集中化、大批的乡村人口外移，同时也看到了食物保育技术越发改进，日益完善。现在，任何一种食物都可以轻易地从地球一端运到另外一端。想想大量生产的产品，如茶、咖啡、可可这类全球消耗但却只有某些地区才能生产的产品，要为住在都市中无法生产这些产品的大多数人提供食物的话，那么这种将产品从一端运到另一端的行为更是不可缺少的。然而，现在交通及防腐科技非常便利，并且在食品行业广泛地运用，这导致许多地区的农民必须放弃他们的作物，因为他们面临着如洪流般的外在竞争。物竞天择被工业化方式取代，造成了同质化及对生物多样性的伤害。尽管一项食物的运输距离几乎从未反映在它的最后售价上，但整体运输量增加，对环境造成了严重的冲击。

更严重的是，这一错误的全球经销系统是由少数大经营者控制的，他们的财务结构及跨国营运方式使得生产链中间充满了无数的中间商，这更拉大了生产者及消费者间的距离。

生产者及消费者间的距离平衡，当然是美食家网络及共同生产者的愿望。但这个存在于各个中间商之间的很长的链条所造成的问题，远超过单纯的两点距离（不管是实际距离还是文化上的

距离），因为它还产生了经济生态及社会正义方面的问题。

以之前提过的“郊狼”为例（他们是第一批联结拉丁美洲农民的中间商，那里的农民住得离人口中心很远，却为巨大的市场提供食物），“郊狼”剥削农民的工作成果，农民们常深陷债务之中，并因所产作物的单一性而深受其害。还有意大利的例子，农民们大宗销售他们的产品，交易价格微不足道，而这些产品在零售市场上却以高价出售，这样的销售方式是不公平的，也是可耻的，好像生产者忽然被排除在整个销售系统之外。就像日记中提到的荷兰郁金香球茎的例子一样，很可笑，却很重要。

因此，重组食物经销系统在当今就更加重要，如果我们想把农业系统应有的优质、洁净、公平的特色从先前找回来的话，这绝对是基本重要的任务之一。而这些特色也正是全世界美食家、生产者及共同生产者所要求的。

其次，问题并不在于把目前的系统完全否决，也不在于否定贸易商或贸易的角色。问题在于我们对这套系统的利用，就像“不同领域间的对话”一样，了解它所面临的问题，引进新的可持续品质的观念，将其作为营运的基本先决条件。

赋予贸易新的意义

萨瓦兰在他的《味觉生理学》一书中提到：“美食学属于贸易，因为它寻求以最低的价格购买商品，以最高的价格销售商品。”这是控制贸易的主要法则，以最可能的好价钱买卖，赚取最大可能的利益。就贸易商而言，他的成功在于获取最大利益。鉴于截至目前我们所讨论过的内容，我相信现在必须重新思考这一规则了，我们必须改变数个世纪以来贸易商得以获利的实用功利主义及个人主义，改用利他的角度去思考，或者至少以共产社会者的角度进行。更重要的是，我们应该注意，这个转变也必须以贸易商本身受益的角度来达成，不能将他们排除在“命运社群”之外。

在食物的部分，“以最好的价格收购”并以获利最多的价格出售，如此纯熟精致的技巧，让贸易商占有全面的优势。越来越集中的经销系统，不再尊重生产社群及共同生产者（消费者）的尊严。甚至贸易商本身也失去了自己的尊严，他们降低了食物的价值，只注重金钱的价值，缺乏我一直在书中所主张的许多价值。

但最重要的是，这种贸易观排除了高品质的生产者。高品质产品的生产者发现，自己被放逐到自家商品完全没有市场的地方，或者如果比较幸运，被放逐到一个至少有“利基点”的市场（通常是精英市场），但无法创造真正的财富或发展独家的经销店。重新评估贸易的地位，也可以排除美食家总是要面对的一个观念，那就是品质代表了昂贵、要花很多钱，一点儿也不公平。重新评估贸易，是指首先让贸易商本身找回他们商业技能的高尚地位，这样才能把他们放到服务社群及网络之中，让他们参与建立新的经销系统计划。

贸易商需要了解生产社群及共同生产者的权利。被排除在目前系统之外的所有清醒的美食家，正联合起来努力达成更好的系统及良善的网络。但事实上，美食家可以也必须继续扮演这一关键的角色。在贸易商这个部分，他们必须把自己转换为一个传递信息的工具，同时也能运送产品及金钱。他们必须保证这一系列链条的透明度，限制自己不要投机，并在自己身上运用“品质”原则。在这个新美食经销网络中，贸易商必须分享网络的价值，才不会被视为与网络全然无关，才不会被社群排除在外。目前，商业网络时常压制关于食物的信息，也时常偏向经济方面，它并没有和必须处理的主题好好沟通，只关心保持运作顺畅。但贸易商是一个重要的通道，能让关于食物的信息随着这个通道畅通无阻。我想到从前发生在乡村商店或当地市场的讨价还价的情形，贸易商常会形容一件商品，提供商品信息，比如来源、特色，甚至最原始的生产因素。就让我们从这里开始吧，这只是捍卫这些店家或其他面对面直接交易形式的一小步而已，这也必将是网络的任务。

我们必须为贸易商提供一个基础，让他们能够思考一种新形态的贸易，以健康的方式确保所有人的尊严。在这个基础上，“最可能的好价钱”及“最大的可能利益”出现了新的意义；在这个基础之上，钱不是唯一重要的，社会正义、尊重环境同等重要。当然，生产者以及那些相信生产者进而食用这些产品的人，也要受到尊重。贸易必须是一门高尚的技能，用来服务社群。当从事贸易的人能够分享平等及公平的权利时，也就是说，在某种程度上，公平、公正的价值可以吸引贸易商，就如同它们吸引生产社群及共同生产者一般，那么这个过程就完成了。

如果美食家网络能回应这些需求，能教育实行新贸易方式的人（毕竟他们是不可或缺的），那么这个网络的扩张将可立即越过正在实验的另类贸易形式（如公平贸易），以及一些尚未意识到自己是“美食家”但却已经在新的商业化模式中做了重要实验的其他网络。

因此，加入网络的美食家接受了萨瓦兰对贸易的定义，但他们却马上能分辨出自己和他人的不同，并了解自己能做到什么事情。这些将会是食物经销系统的基础，能够在众多不同的元素中交流知识及价值。

限制中间商

当我们思考贸易的价值、贸易所扮演的角色以及贸易的规则时，它必须能让自己给予并得到尊严。因此，在规划新的网络时，我们显然需要尽可能地限制中间商。我们若要成功完成创造无数“新美食家”的文化及政治性计划，若要减少经济不公平造成的其他问题，这显然是方法之一（这个理论一点也不荒谬，因为引起饥荒的主要原因，就是全球食物经销系统）。

限制中间商，意味着缩短产品从产地到达餐桌的过程。一个崭新的开始基于健康的本地主义，即各种食物的生长、种植、加工处理，都要靠近他们被消费的地方。如果蔬果、肉类能够在当地生产制造，那么让它们横穿各洲旅行的意义何在呢？如果当地生产的食物在它们被送上餐桌前，既新鲜又美味，也尊重可持续性，那么让它们横穿各洲旅行的意义又何在呢？许多“出口”品种都是经过特意的挑选，以满足保鲜及承受长途旅行的条件，却忽略了构成美食的成分，例如品质优良及口味等重要条件。如果是小规模的当地生产，那么使用化学农药的量就非常有限，而农产品若没有必要长途旅行，就不会制造污染，农村区域仍能维持生存，并能生产具有本土特色又多样性的产品（城市采购团，就是一个联系城市和有活力的乡村的绝佳办法）。

这样的“本地主义”，第一个优点，就是让投机的中间商数量减少，因为如果产品的运送旅程缩短，那明显地便会经过比较少的中间人，当然中间被加价的次数也跟着减少，反映到最后，售价也会降低。

在我家乡附近有一个超市，它位于众所周知的、被称为意大利“蔬果之乡”的地方。有件事让我觉得非常不可思议。因为在“蔬果之乡”有许多极佳的蔬果生长，并且可以直接在当地从生产商那里购买，或是在镇上每周固定出现的市集中买到。但许多我亲爱的家乡民众，却偏好荒谬的方式，跑到超市里购买那些也许是从智利进口但在自家门口就可以买到的同种类产品。他们愿意支付比较高的价钱，但事实上得到的喜悦却比较少（因为那些进口蔬果根本无法媲美当地新鲜采收的良好原生产品）。而那些进口产品在它的跨洲际旅行当中，进一步污染了它的原产地及整个地球；甚至在生产该产品的过程中，很可能剥削了某些工人的工作权利，也牺牲了生物多样性，以形成适合出口的单一作物栽培。我实在看不出这当中的意义何在！

因此，网络中的美食家的任务是：必须鼓励各种产品在网络中流通，尽可能以最可持续的方式尊重其应有的地位，感谢那些相关的生产者，关心所有参与其中的人。这个网络的目标，是要限制中间的非必要或不可持续的商业运送，也保证售价受到管控，让价格能对买卖双方而言都公平。

如此一来，这个系统的控制权便会回归生产商及共同生产者，回归食物社群，他们会确保必要信息与产品一起流通，这样我们将能避免目前常见的状况——相关信息及利润都由少数人控制，贸易商虽然只承担经销食物的工作，却比实际工作、生产产品及消费产品的人拥有更多的力量及控制权，而真正从事实际生产工作的人反而被踢出这个系统。

为了让产品在网络里流通，有一个简单的规则要遵守，那就是尽可能地缩短食物的旅程。借由运用“本地环境适应”原则，在产品数量、品质及价格允许的情况下，先满足当地的需求，然后再逐渐扩展，不必摒弃贸易，却也能尊重可持续性。

把新的评价放到商业系统中

有人说食物所经历的长途旅行可以让我们享用非当季生产的食物，这点在我看来是无法接受的，因为它根本不符合自然条件。食物必须经历的一段段运送旅程，无疑增加了中间商的数量，更别说还延长了旅程距离，并且把这个商业化的食物链给中央处理化了。不幸的是，若要争论这种贸易应不应该存在，就会显得太乌托邦，因为每个美食家的餐桌上都有许多为求多样性而买来的产品。所以在这里，我想推广“食物里程”，让它成为一个常识，并能被公正地评价。可以说，对节制的敏感度（我后面会提到这一点）是一位优秀的美食家不可或缺的品格之一。

“食物里程”的概念绝对不能被否定。在许多例子中，这些旅程是必要的，某些特例是可以容忍的（就像经由海洋运输的例子），因为它们的污染性不会很大；而且如果商业化系统是公平合理的，它们甚至还有可能给生产社群提供重要的经济机会。

从运输的角度来看，可能的办法（首先需考量网络，然后通过一些奖励措施、税制、法令限制，将其扩展到整个经销领域）是引入类似蒂姆·朗和朱尔斯·普雷蒂两位学者所研究出的食物里程计算方法。这包括环境成本的计算，以及一个产品的商业化旅程所面对的所有负外部性。它们是可持续性的重要指标，提出一个实际的建议——网络中的美食应该开始在产品标签上标明食物的信息（不只是食物产地，还有使用到的各种不同的运输方式），而且要把涉及的环境成本都换算成钱一起计价。

我深信，这种经济的重新分配，以及传达有用信息的方式，会是一种“合乎常理”的元素，能鼓励不论是网络还是一般的系统，使其都能朝着更健康、更公平的本地主义前进。借由减少中间商的数量、重新制定贸易价格以及食物里程的计算，产品售价会变得更透明，届时，购买不可持续性的产品将会是一种很难想象的行为。系统将会重新分配整个生产网络，从当地扩展到全球，首先满足产品生产所在地居民的需求；其次，如果可能的话（记住，要考虑数量、产品特色及可持续性），再去满足其他不易取得该产品的社群的需求。

这个系统能够激励世界上贫困地区自给自足地发展，以可持续的方式调整富裕地区的消费平衡性，或许更好的说法是，以美食学的方式考量品质的所有面向。

这个计划如何能运作?

从结点、社群、大厨、美食家及产品几方面着手。

我曾在前面的章节中提及，替代性的经销计划必须依赖网络，对新美食家而言，它是一个基本的工作计划。减少中间商，发展新的贸易形态、本地消费偏好，还有公开关于食物的情报（例如食物里程的公开），所有这些都能找到一块肥沃的土地去开拓，同时也能与已经存在的网络彼此交流（例如公平贸易），如此便是寻求实践可持续经销系统的方式。

不过，对于一个计划而言，光有原则是不够的，我们还必须想出切实可行的方法。这点若要依靠现在的经销系统会很困难，虽然它们当中有些确实对于可持续性及本地消费比较有敏感度。但我认为我们必须尽全力成为网络里的一个主动角色，动用所有可能的渠道，从网络的基本结点也就是社群开始。因为社群可能包含生产及经销单位，然后再和其他网络里的社群进行直接交流。从这一点来看，我们需要的是一种服务结构，尽可能让运输方式简单且可持续，尽可能善用那些摒弃了功利主义、本身已是价值共享者及过程控制者的贸易商。

不只是生产社群、贸易商及共同生产者必须通力合作，其他人也能有所贡献。举例来说，以主厨而言，在寻找优质、洁净、公平的食物的过程中，他们是最积极主动的，他们常常都有自己偏好的渠道，可以和某些社群或独立的生产商接触，他们的经验是改变经销系统的驱动力及绝佳起点。如果他们能把自己放到网络服务中，对网络而言便有加分的作用。更甚之，若能在餐厅促销这类产品，效果更是无人能敌，尤其这通常伴随着有关产品来源及烹调方法的知识。另一个重要步骤是，让进入网络成为新美食家的主厨们明白并承诺：坚决使用邻近食物社群的食物，还有符合可持续条件的远方社群的食物。因为他们是全球美食场景中的焦点。我们必须从媒体的娱乐角色中解救主厨们，从那些美食指南的分数竞争中解救主厨们，因为书中给的餐厅星级完全没有考虑到食物系统的角色，而食物系统其实跟餐厅生意的未来有关。他们要负起这种责任，因为这也跟他们的利益有关，他们也能从这些行动中获取最大的利益。他们更需要明了：自己的任务是保护这些烹调知识，并坚持使用优质、洁净、公平的产品。

共同生产者，通常也就是消费者，现在已经知道如何好好利用消费者选择的权利，知道如何选择产品，知道如何让生产者在各方面都更贴近自己的需求，也必须一起做出贡献。这样的话，共同生产者的角色功能就变得更为明确：研究另类系统，寻找邻近的好品质产品，促进社群的工作成果——这些社群曾经和消费者距离遥远，却需要协助。身为共同生产者的美食家承诺持续自我教育，保存生产知识，致力于寻找好品质及他们所认为的好社群，他们是具备道德良知的经销系统的另一个基本元素。

新美食家网络建立在经验及信息交流的基础之上，能找出最好的方式让产品在网络内流通。基本的步骤是让网络中食物的生产单位及销售社群启动直接产品贸易的所有可能渠道。有一个办法可以让它运作得轻松一些，那就是出版（最好能在线上阅读）一份所有相关产品特色的指南，指南中要包括它们的产地、产品名称、生产商的联系资料、可持续购买的方针，以及价格等信息。

这本指南可以像一般电脑文件般组织起来，里面可以放入许多可能的研究方式（比如地理学的标准、可持续性、社群需要的协助、购买团体的可能性，以及其他所有基本的研究方式，例如生产商名称等）。资料库方面，包括我们最想引进的新的经销形式、最适合该形式的所有信息及价值。

这样的话，生产及共同生产社群，可以跟网络空间中的潜在食物社群更为接近，能够直接联络，或借由商业化渠道联系。他们可以建立新同盟及新网络，在那里，中间商将不再投机，而是在以公众利益为目标进行工作。

若想以这种方式重新设计食物的经销方式，就要进一步公平地调整其中的均衡性，以更具建设性的方式处理这个严肃的问题。例如，让某些地区消失的农业系统重生，能解决当地营养不均衡的问题；激励最贫穷的社群加入网络，实行新农业（符合生态及小规模原则），这个新农业的目的是满足社群最直接的生计需求，相信这要比给他们食物援助以此慰藉良心好！这种慈善的补贴给予，通常只是为了解决富有地区的生产过剩问题，这种以补贴进而强行进入贫穷地区的力量，也破坏了当地的市场资源和所有想要建立真正可持续发展世界的想法。

相反地，在一些比较极端的例子当中，像是饥荒及天灾，网络便会自行启动，回应那些与它有关的社群需求。当然，此时更要特别谨慎，不要把过多扭曲的外力带到网络中来，奉行慷慨施予的价值，不要求对方立即回报。这些基本上就是整个网络最终应该具有的价值，应该扭转目前占优势的实用主义市场逻辑及所有的生产系统。简单地说，宁可追求很高的国民幸福指数，也不要盲目追求很高的国内生产总值。

[日记17] 农家的慷慨

当我还是孩子的时候，家里有一个传统，在某些宗教节日会邀请当地比较贫苦的人一起来家里吃午餐。这种习惯对我母亲来说是再自然不过的了，所以我甚至从未想过为什么我们会这么好客。

事实上，我想我母亲是从她出生的农村世界继承了这个习惯，那就是对他人要有慷慨付出的精神。后来，我从一位研究意大利农村的专家朋友那里得知，在长辈坐的那一桌留一个位置给可能出现的客人，这种做法在皮埃蒙特的农村是再平常不过的习俗了。

这些客人是那些徒步的旅行者，在农村四处漂泊求生存的人，例如乞丐、穷人，或一些因时局艰难、健康因素或财务因素而沦落的人。保留的空位在一家之主的座位旁边，不论那些客人穿着多破烂的衣服、闻起来有多臭，都没关系。这些行为其实蕴含着基督教文化的精神，不过，我觉得事实上还存在更多的含义，有一种深奥、根深蒂固的思想存在于农村生活中。

这点在我访问诗人温德尔·贝里，谈论他的一本文化诗集的对话时，得到了证实。当时我们谈到“农村社群”这个主题，他向我解释说，为了让本土经济能良好运作，我们首先必须想到的是维持生计，然后，如果有多余的收成，就“用于善心之途，或与他人交换”。对我而言，这似乎是一个相当理想主义的想法，但贝里继续说道：

在过去农业还没有这么工业化的时候，在我们拥有能减少工作量的现代工具之前，我们在家庭中善尽义务，和邻居们互相帮忙。这个规则是，所有人都持续工作，直到每个人都有了收成。我认识许多人，他们都觉得能在自家附近的农场帮他人工作并且不收分文，是非常值得骄傲的事。但这显然不是资本主义的做法，或许最多可被视为一种奇特的投资——因为他们投资在社群上。

的确，在为《兰盖地区葡萄园地图》这本选集接受访问时，我发现农村老一辈的人总会提到乡村生活中这方面的事情，总是告诉我他们真诚慷慨的付出——随时准备好要给予，不求任何回报。我特别记得一位女士，她是当地的一位小贸易商，她曾告诉我："我们习惯互相帮忙。记得有一次，一个12口之家，家里的母亲生病了，所以我们其他家庭的女人便帮她洗衣服，一起帮她做午饭。"

圣诞节和复活节桌边的那个空位，是当时那种文化下的遗产，人们总是准备着分享食物、在劳动中互相帮助。我越来越相信，这些慷慨的精神不只是一种乡村道德规范的特定做法，它们不仅仅是人们必须遵守的宗教观念，更是整个社群经济中的一部分。

把慷慨当作一种经济形式，也是处理社会上贫穷、艰苦状况的方式。这样的方式有其独特的意义在。正如贝里所说，这是一种投资。不过，如今价值观的先后顺序已经完全颠倒了，我并不是要歌颂过去的时光，但我的确认为，如果同样观察现代的情形，就像我把这些桌边的空位当作经济活动一样去评估，一定会发现，我们现在仍然非常需要从前的这些慷慨举动，需要不论是新形式还是旧形式的慷慨行为。

建立美食家网络的新价值体系

美食家网络最根本的特点，便是它深具人性，我们应该好好利用这个特点。我们可以推广网络内人们的互相交流，让大家知道四处游访具有不可取代的教育作用，让这种游访为不同社群及不同特点的人们提供互相联络交流的机会。多元创造性的力量可以借由彼此的交流达成——不只是在虚拟的网络上达成，也在现实世界中达成。同时，我们也需要持续不断地训练我们的感官能力，以期能成功地交流。

我相信经由彼此的见面、旅行及与异文化直接深入接触，会是传播新思想的最好方式。但若想让人们彼此了解，就必须让他们除了能实际面对面之外，还要在心理上倾向于欢迎、发觉、分享并感受生活的喜悦。想象这世界还跟从前的农村一样，有着共同的价值观，即便是最贫穷的家庭也会留一个位置给需要帮忙的旅人或是穷人，这真的是“乌托邦”的想法吗？我深信种下乌托邦的果实，必能在现实中收成。如果我们能将这种想法视为跟其他价值观一样，具有经济上的意义（虽然它不能被金钱量化），那么我很确定：大方付出不求回报，可以是非常真实的。我的意思是说：这世上哪些人该变得有钱？生产社群中消失的传统知识价值几何？那些坚持可持续生产，为维护优质、洁净、公平食物而工作的人，他们的行动价值几何？一件礼物、一张床、一份吃饭的邀请、与他人一起分享、对他人敞开心胸等，这些价值又是多少呢？

正如我之前提议的那样，必须把很难具体量化的环境成本放进资产负债表里。我在这里也提出一个网络计划，这个计划对重要的观念进行经济性的评估，不是要把这些观念变成金钱，也不是要从中获利，而是想在其中加入交换交流的逻辑，甚至是免费给予的逻辑，不是功利式的交换，而是互相交流知识、好客精神、机会、品位、世界愿景及教育等。这是一件只求付出而不问回报的事情，但是，我们最后一定会得到回报，因为每个人都是平等的，有同样的尊严以及想让他人成长的心态。要让大家了解万物皆有其限制，不要只是为了让自己更有钱，若超越这个界限，便失去了人性。

旅行的价值

在美食网络内，没有任何一种知识传输系统能够取代直接的沟通。就如同美食科学教导我们的，要训练我们的知觉感官、多做尝试、培养品位，要和生产者及主厨接触，因为这些是学习如何理解现实的最佳方式。想达成这种形式的学习，我们必须要“移动”，多认识人，体验其他风土人情及餐桌精神。如果我们把这种信念运用到美食网络上，那么，确保网络内人们的交流就很重要了。从地球的一端到另一端的流动没有等级区分，也不存在限制。游访的权利成为基本的权利，游访所到之处将成为文化成长的根基，以及美食家网络自我滋养之所在。

“大地母亲”的重要性有一部分是在游访方面，因为它能够给从未远离自己村落的人们离开家乡去游历的机会——见识一下世界的其他地方，去一个受到其他国家居民欢迎而且同样从事食物生产的地方，在那里可以跟5 000个和自己一样在生产前线的朋友会面。事实上，这个观念可是比它看起来更具革命性。有多少富裕地区的人是真的为了那些生活困难、需要帮助的人而四处旅行的？这要花多少钱？我不单单是指传教士的逻辑，也是指那些不太有宗教目的、最多只是基于对环境及文化系统的尊重而想要有所贡献的人。

游访的教育意义，在于它是世界上独一无二的，因为食物生产是基于传统知识，而这种知识直接由经验的展现、实验及工作本身直接传承下去，必须亲自游历与接触才能学到。数以千计的食物社群代表走遍世界各地并接受来自其他社群热情招待的景象，可能会让那些仍然想维持目前现状的人感到忧心。通过这种方式获得知识是相当戏剧性的，它能打开那些为生存及生产而俯首努力，却对食物没有感激之心的聪明人的心胸。从文化角度来看，对感到孤单、被遗弃且没有任何机会充实自己的人而言，现在他们忽然有了一个机会，能与一个跟自己共同奋斗并有同样想法的网络接触。这些人原本受到诱惑，放弃了自以为没有价值的工作，但我在“大地母亲”的参加者眼中看到了新希望，这从他们回到自己的国家后马上告诉我的消息中可以得到证实。而事实上，这个希望很可能在没有“大地母亲”活动前就已经默默成形了。他们所需要的是旅行与认识他人的机会，需要的是对自己拥有的知识及产品感到骄傲。在参加者身上经常会看到想要让自己被他人了解的那种焦虑感，这就是最明显的证据。这群人有许多话想说，也有能力付出，我们必须给他们机会。

在规划的阶段，发现了交流的方法、文化形式的区别或特殊的理论，都还不是重点，重点是让这些人能够有机会旅行、协助他们旅行，剩下的他们自己就会做了。我们必须从“不同领域间对话”的角度，相信这些人传达的传统知识文化及人性，也鼓励他们自身的信仰，相信他们的潜力，尤其是年轻人的潜力。

我认为从年轻人对工作的热枕、渴望、计划以及他们的理想角度考虑，最值得去做的是投入一年的时间，去发现其他农业或生产社群的实际状况，把他们的经验及文化带到全世界。与其花一整年去当兵，食物社群中的年轻人不如去世界各地旅行，到比他们自己社群富有的地区或是比他们贫穷的地区学习，也要到那些有着类似文化形态及生产习惯的地方，以及教授农业生态学的大学去学习。

美食家的网络能够找出这种旅行的可能经济来源，不论是社群、主厨还是大学，都能免费接待这些聪明的年轻人。当然，我们必须制定一些规则，但主要原则是免费给予，不求回报，相信这些人是珍贵经验的传播者，而这么做的唯一代价就是他们的成长之旅。

保障旅行游访的权利（这几乎是全球年轻的食物生产者及美食家的责任）是美食家网络的另一项任务，给予所有地球公民此项权利，并将此权利编入价值系统，并且每个人都有权成为命运共同体中活跃的部分。

美食网络中的人类价值：新形态的经济

美食家网络不可避免地会因个人主义、文化间的差异或各个经济体之间的不同而互相抵触。保证网络内的信息、知识、产品及人员都能互相交流的这项原则，可以把人们联合起来，特别是联合那些在全球化经济强加的价值系统中不曾想过能得到这些新经验的人。为了协调个人利益及团体利益，我们必须赋予人一些经济层面的价值。

首先是我们的天赋，以及免费给予的精神。在我们的世界里，重新找回天赋及免费给予的价值所在，是一位负责任的美食家所期待的，新地球公民能在这个系统中生存。开放自己的家、自己的食物以及自己的文化，让自己敞开心胸面对世界、欢迎这个世界，了解世界是利益来源。这里的获利不单是指经济上的，也包含增加我们的知识、智性的财富，还有发展我们的潜能。

免费接待滋养了不受限制的旅行游访系统，在多元创新的力量下，可以导入促进彼此交流的元素。这种交流并未要求对等，施予方并不要求任何回报，也没有规定任何应尽的义务，它是基于共处于生命共同体下的信心，认为产品或经济资源里的价值和我们能从知识、多元性或友谊当中得到的价值一样多。

何谓知识价值？它无法计算，但它的价值却能在一个交流频繁、资源流通的网络中具体化。知识是人们不能被剥夺的权利，当这个权利在众人间分享时就能被滋养。知识是复杂世界中成长及发展的机会。每个人都要参与，不能划分一级、二级或三级之类的知识，每种知识都有同等价值，应该被视为一种“通用货币”。

节约及节制价值多少？我们在地球上制造的废料量，已经到达临界点了，这不公平，也不符合经济效益。当然，浪费是原因之一，若这些废料还能再生的话，也等于浪费了尚未开发的资源。如果我们不改变错误观念的话，将面临越来越多的难题。我们不能要求以政治力量操控每件事情，必须从自己开始有不同的行为，从每天生活中的小事情做起。节约下来的东西不是一直累积下去，而是给予。每个人都负起这个责任，每个人都要有所贡献。在一个保证每个人都能汲取知识、拥有旅行游访权利的网络里，若想让大家都能分享到资源，节制就必须成为基本原则。

在我们遗忘美食学本身复杂且重要的意义之前，在它被归为民俗活动或被贴上有钱人及精英专属的标签之前，美食学立志要成为一门既现代化又节制的真正科学。这一重要的观点，在巴特罗密欧·斯卡皮的《诚实的快乐》一书中得到了具体展现。书中提到吃得好的规则，也提到了什么是真正的感官享受。感官享受能增强我们的愉悦感，所谓负责任地消费，必须要了解“过量”是不对的，因为它剥夺了其他人或是其他事物的富足与美好。如今

“过量”更是错得离谱的事，随着地球的承受力严重失衡，数百万生产食物的农民及数千万没东西可吃的人更苦。所以在节制的原则之后，为了共同利益加入网络的新美食家的最终原则，也可说是最主要的原则，便是美食家要寻求烹饪的快乐，不应该剥夺其他人同样的得到快乐的权利，即消费优质、洁净、公平的产品。唯有这样，我们才有资格认为自己是共同生产者。

结　语

最后，我希望有更多的人，包括科学界人士，能像新美食家一样严格认真地生活。没错，我想要请他们贡献一己之力。我的目的是想让美食学成为一门真正的科学，让它像社会科学一样，也能禁得起科学方法的考验，在大学里成为一门正式的学科，因为美食学具备所有大学水准甚至更高水准的科学研究的所有条件。任何学科若能不把自己封闭在专门领域中，相信都能带给美食学一些帮助。

此外，美食学是一门“幸福的科学”。主厨安德里亚是所有我询问过美食定义的人当中唯一讲到美食核心的人。他在他的梦幻厨房工作一整晚之后，带着疲惫的笑容对我说：“美食就是幸福。”

没错，是幸福。我想以 2003 年 11 月在那不勒斯的圣卡罗剧院见到的景象作为结论，请读者试着想象当时的情景。

那是在慢食协会保护生物多样性的颁奖典礼上（那次是第三次举办，2004 年之后这个活动就由“大地母亲”活动接替），对于所有能说服他们所属社群保留生物多样性的人来说，这个奖项，是一种奖励。他们不是伟大的研究人员、科学家，也不是大组织里的大人物，这个奖是颁给农民、渔民等普通人的，是颁给“地球的知识分子”的。他们分属于世界的各个角落，他们每一天的工作虽然微不足道，却意义深远——他们保存了种子，保护了受到生存威胁的各式品种，努力防止优质、洁净、公平的食物从世界上消失。

2002年那不勒斯的颁奖典礼，刚好跟慢食协会的国际大会同时举行，因为我们想让来自世界各国的代表们亲自跟这些英雄会面。为了在颁奖典礼上表彰得奖人在保护生物多样性领域的崇高地位，典礼地点我们特地选在了圣卡罗剧院。

请想象一下，在由镀金墙壁和红色座椅装饰的剧院里，聚集了来自世界各地的人，墙上仿佛还回荡着多年来剧院演出的声音，诉说着意大利的歌剧历史。由《卫报》记者马修·福尔和知名意大利女演员莱拉·科斯塔负责宣读名单，得奖人一个接一个上台领奖。他们得奖的理由以各种不同的语言念出，如果得奖人想要发表感言，表达感谢或骄傲之情，麦克风也随时为他们开着。这是一个相当感人的场合，一幅真正融合了种族、语言及传统习俗等的令人难忘的景象。

最后，轮到了杰图里奥上台领奖，他是巴西克拉侯社群的领导人，他让复育成功的印第安原生玉米种，能在自己的土地上重生。

就这样，那不勒斯出现了一位来自巴西喜拉多地区的印第安人。他趁着这个机会，和其他慢食协会的代表们好好地认识了这个城市。他们拜访了坎帕尼亚的农民，并在当地的小酒馆享用晚餐。虽然那年秋天那不勒斯气候温和，不过他还是怕冷，穿上了一件借来的连帽大外套。他似乎躲在大了好几号的外套里，观察着每件事及每个人。对他而言，每件事都很新鲜。不过，他看起来一点儿都没有被吓到，相反，他似乎有些拘谨、害羞、冷淡，但散发出让每个人为之着迷的尊严感。

不过，这拘谨的谦恭态度在他被请到台上演讲的一刹那便消失了。毕竟这是属于他的时刻，从大老远来到那不勒斯，为的就是体验这一刻。他自信地走上阶梯，稳稳地拿着麦克风，准备说出让每个人张大嘴巴的感谢词。这个人跟他的社群一起挽救了一个物种并且复育成功，他说道："我想不出感谢大家的话，这一切都太不可思议了，我感到非常高兴！当克拉侯人感到高兴时，会唱歌来表达，所以，请准许我唱首歌给大家听。"就这样，在出乎主办单位意料的情况下，他花了三分钟清唱他们部落的歌曲。现场没有人不为之动容，整个大厅出奇的安静。那些发自他喉咙深处的声音，在剧院里诉说着他的感谢，当时的场景有些超自然，甚至让你的背脊感到一阵冰凉。

在这个向伟大歌剧家恩里科·卡鲁索致敬的歌剧院，一位巴西的印第安人竟然因为得到护育种子的奖项而快乐地唱起歌来。

看过当时景象的人一定永生难忘。在我看来，这是美食学最生动的表达方式，是美食学作为一门整体性的、激起健全人类价值的科学应该要有的表现，这就是对快乐最纯粹的表达。

也许就在这里，在圣卡罗剧院里杰图里奥的声音之下，在这样单纯却感人的喜悦之下，我们才能得到足够的激励，让每个人，无论是普通人还是最伟大的科学家，都能接受本书最诚挚的邀请，那就是——加入建立新美食学的行列。

最后，容我骄傲地宣布如下——

我是一位新美食家。

我不是一个不知节制、只顾享受食物，却完全不了解当中也有许多限制的老饕。

我不是一个只知道享受餐桌上的美味，却对食物来源完全不清楚的傻瓜。

我想知道食物的历史及来源，想多了解食物被送上餐桌前那些种植食物、运送食物还有烹调食物的人。

我不要因为我所吃的食物而剥削食物世界中的其他人。

我喜欢用传统方式耕作的农民，喜欢他们与地球之间的良好关系，也喜欢他们能珍惜好东西的行为。

好东西属于每个人，快乐也属于每个人，因为这就是人性。

地球上的食物产量足以供应每个人，但不是每个人都有得吃。有得吃的人也未必能享受食物，他们只是不断地增加地球资源的消耗。就算是真正懂得享受食物的人，通常也不关心农民、不关心地球，不关心大自然及大自然提供给人类的美好事物。

只有少数人懂得自己所吃的食物，并且可以从那些知识当中得到乐趣，那些知识是乐趣的来源，能把所有享受这些知识的人联系在一起。

我是一位美食家，如果你觉得好笑的话，那我可以向你保证，要做一位美食家并不容易。美食是一件复杂的事，虽然它目前还像知识世界中的灰姑娘，但却是一门真正的科学，一门能打开你眼界的科学。

在现今的世界上，要做到像新美食家所要求的那样吃得“好”，是很难的。

但是，如果美食家能渴求改变的话，即使是现在，我们也能看到未来。

附　录

《食物未来宣言》节选

工业化农业模式的失败

农业及食品供给方式不断地工业化及全球化，使得人类与大自然的未来都陷入危机。本地农业以社群为基础，它的成功模式千年以来滋养着地球，也保存了生态的完整性，目前地球上许多地方仍持续着这种模式。不过这种方式现在正快速消失，被大公司、高科技、单一作物及出口导向的系统给取代了。这些系统对大众健康、食物的品质及养分、传统的谋生之道（包括农业的及工业技术方面的），以及原生的本地文化，都带来负面的冲击。这些系统增加了数百万农民的负债，加速农民与这片土地的分离，而在传统上，这片土地原本应该足以喂养他们的社群及家庭。这样的转变反而增加了饥荒，越来越多人失去土地、无家可归、绝望，甚至自杀。同时，这个系统也让地球的生命系统恶化，全面地造成人类与自然、历史、文化，以及所有与食物生计有关的人彼此之间的疏离。最后，这个系统也破坏了社会经济及文化基础，伤害了社会安全及和平，导致社会分化及暴力。

大型跨国公司出售新科技产品，以解决“小型生产的低效率”问题，大家也期望这种科技能解决世界饥荒，但不幸的是，结果刚好相反。从绿色革命到生物技术革命，再到现在推广的食物照射①，以及其他用科技干扰传统自然生产的方法，都让生态系统更加脆弱。这些科技带来了空气污染、水污染、土壤污染，以及最新的污染。这些以科技及大公司为本的单一栽培系统，深深地加剧了全球变暖危机，因为它们十分依赖石化产品、天然气及其他原材料。相信过不了多久，光是全球变暖造成的气候改变，就足以给整个农业生态及食物生计带来灾难性的后果。还不只这样，如果我们除去这种生产方式所造成的生态及社会成本，以及政府必须给予的大量补贴，那么这个工业化农业系统一点也没有提高生产效率，更没有减少饥荒的发生。它们只是让极少数的公司越做越大，这些公司控制着全球生产，危害了本土食物生产者、食物供给及产品品质，也让社群或国家原本自给自足的基本能力受到损害。

过去半个世纪以来，这些错误发展在全球贸易及财务的官僚体系规定下变得更加严重。比如，世界贸易组织、世界银行、国际货币基金组织，以及国际食品法典委员会等机构，都加速了这

① 将食物暴露在射线之下杀死细菌、微生物、病毒或昆虫的过程。更广泛地用于抑制植物生长、延缓成熟、增加蔬果的汁液等方面。——编者注

种错误。这些组织制定了许多规定，把增进农业贸易列在优先位置，但这其实危害了农民及消费者的权利，也危及了一个国家贸易管制的能力，例如世界贸易组织中的贸易相关知识产权的规定，就赋予全球的农业公司掌控世界上种子供应、食物及土地的权利。这种有利于大公司的权利，同样直接地危害了农民原生及长期以来拥有的独特权利，例如，农民们保存种子，保护千百年承续的原生农业方式。世界贸易组织的相关规定，鼓励了工业国家向外倾销廉价的补贴产品，因此造成贫穷国家的农民们面临越来越大的困难，难以维持自给自足的经济状况。因为不断侧重出口导向的单一作物生产，造成食物产品要经过长途贸易，这与不断增加的石油运输使用量更是有着直接关系，也进一步影响了全球气候，并破坏生态结构发展，带来严重的后果。

从为当地社群提供食物的小规模食物生产，到以出口为导向的大型单一作物生产，这样的改变让几个世纪以来以社群为生产基础的传统、文化、彼此互助的乐趣、互相交谊模式都渐渐式微，人类也因此减少了种植食物的直接体验，减少了通过自己的双手，在自己的土地上分享丰收喜悦的体验。

尽管有上述情况存在，但也仍然有许多乐观的发展出现。数千种新的、可替代的生产方式，也在全世界发展，推广生态农业，捍卫小农生计、生产多元化的健康安全产品，以及维护地方化的供应系统和贸易的权利。新形式的农业不只是可行，其实已经在进行了。

基于上述及其他未能提及的原因，我们在此郑重宣告：反对工业化、全球化食物生产；支持可持续、地区型的小规模生产方式。

后　记

优质、洁净、公平

——写在10年之后

著名历史学家艾瑞克·霍布斯鲍姆认为，较之始于法国大革命、终于第一次世界大战爆发的19世纪，20世纪是一个短暂的世纪，始于1914年，终于1991年。[①]

从新千年到现在不过十几年的光景，很难说21世纪是一个漫长还是短暂的世纪。不过，如果环顾一下农副产品领域和与之关联的敏感行业，可以预想，与之相匹配的会是一个丰富而高速的世纪。如果我们再把观察的范围缩小到本书首次出版到再版的10

---

① “漫长的19世纪”出自霍布斯鲍姆先后完成的三部曲著作：《革命的年代：1789—1848》、《资本的年代：1848—1875》和《帝国的年代：1875—1914》。从1789年法国大革命爆发到1914年中间的125年，是西欧资本主义体系崛起并不断扩张的时期。“短暂的20世纪”出自《极端的年代：1914—1991》，这段历史从1914年“一战”爆发、帝国解体开始，到1991年苏联解体为止。——编者注

年间（2005—2015年），从文化和认知的角度观察，静静地思考一下在这短短的时间里，环境、经济、社会、食品和农业领域发生和变化的事情，也许应该着手再写一本书了。

感觉上，在2005年，书中所涉及的每一个主题都随着时间的推移进行了多种多样的尝试与探索，而今天我们所面对的整体状况和当时已大不相同。有些领域得以改善，有些领域更加糟糕，无论如何，当下的情况都变得层次更加丰富，它推动每一个自觉的公民持续不断地在不同的方面尽心尽力，他们可以是生产者、政治决策者，或是消费者（共同生产者），就像我在书中写的那样。

“优质、洁净、公平”，很早以前就变成了一句口号：这是描述食品生产流通中一小部分情况的最快速有效的方式了！这不是空想，而是本来就应该有的样子。有人（也许只是少数派）正在按照这个口号去行动吗？从结果来看，指向的一切证明了这是切实可行的！如此一来，这个口号也成为一个计划：10年前，我只是希望在描述当时的情况时，尽可能地给“慢食”一个更宽广的外延；时至今日，回首过往的10年，再尝试了解谁是故事之中的主角时，我不能假意谦虚地说慢食（作为协会，作为运动，作为文化的潮流）在这个演变的过程中没起到决定性的作用。

从“优质、洁净、公平”这三个一组的形容词起，我们象征性地创立了一种共同语言，在此之前，这更是一种回应紧急需求的共同情怀，这一致的情怀最终变成了发展的原动力。在阐明公民的价值和意义的过程中，从哪里开始并不重要——可以从环境或者食物的质量开始，可以从捍卫劳动者的权利或者节约能源开始，也可以从有限的自发生产或者动物的生存福利开始。重要的是，各个领域的参与者们不要屈服于那些故步自封的人。这条道路布满荆棘，前后呼应，食物反映了这些片段在现实世界的映射，食物连接在这条路上行走的正直智士们，帮助他们超越困境，探索更高级别的响应机制。

很显然，2005 年并非慢食运动的元年，如果说“优质、洁净、公平”得到了热烈的响应，也是因为在此前的那几年，有些观点为它开辟了道路。

第一个观点是：食物生产与环境相关。

今天来讲这句话，仿佛是在背诵一句人尽皆知的童谣。但实际并非一直如此，20 世纪 80 年代末，当慢食刚刚登上国际舞台时，情况并非如此。在那个年代，环保主义者高呼“自然”时并不会考虑“农田”，他们考虑的是雨林、喜马拉雅山脉、海洋和极地的冰川，而不是他们考虑这些问题时所途经的玉米地。观念的转变经历了很多步骤，第一步是认为杰出的农业世界是环境的敌人，从概念上来说这个立场很容易理解，但这一观念并没有考虑到其他类别的多样性农业、生态农业和健康农业的存在；第二个重要的节点是对“风景”的重新定义，在我们的语境里，风景几乎不是“自然”而是“农田”。它的含义是，农田是经济和农业选择的产物，可以有益于或是不利于环境。

第二个观点在20世纪末21世纪初开始出现，担当着生物多样性的重任，同一时间平行发生的是对浪费的思考。当1996年慢食协会启动“美味方舟”计划时，通过计划建立农副产品和食品目录册，收录濒临灭绝的食物品种，生物多样性这个词语只用了四年的时间就流传开来。但很明显，在当时的语境中，这只是一个中转词，因为很快它就被大家理解并且使用起来了，“美味方舟”计划亦开始收集来自世界各地的声音。这一计划可以如此去描述：没有哪个家里没有这样一个人，常常是年长的老人，孜孜不倦地念叨着年轻时挚爱的某一种食物或者某一道菜，如今几乎再也找不到了，或者已经消失，或者正濒临消失。食物面临如此境况的理由往往和市场有关，在效益的驱使下，市场选择减少风味和功能性生产。

“美味方舟”计划如今已经持续了20年，它所创造的最大财富是，普遍明确了生物多样性的含义——为什么需要生物多样性，为什么它如此重要：它是这个星球免疫系统的支柱，正是它保障了这个星球的正常运行、恢复精力、自我调节和重新尝试。这样的反应能力叫作冲击强度，“冲击强度”是最近刚出现的一个新词，源于物理中描述材料韧性的专业术语（比如橡胶的冲击强度非常高，玻璃的冲击强度非常低），它为我们提供了一个衡量标准，用以衡量任何生态系统在受到创伤后自我修复的能力。捍卫生物多样性，意味着为生命和未来上了集体保险，意味着维持更高数量的个体、品种和系统所提供的可能性。

不过，纸上谈兵终觉浅，尝试将其转化为可分享的日常个人品德及行为才是正道。从这一点看来，过去的10年真是丰硕的10年，尤其在以下四个方面取得了显著的进步：首先是校园，通过校长和老师的帮助，学生家庭的支持，学校自主修订了关于营养和环境的课程。从幼儿园到高中，通过兴建学校菜园，新一代的学生和老师们在其中获得了成长，因为在这个过程中，他们发现了许多他们曾经不知道的事物之间的关联，以及险些消失了的敏感性。从学校到家里，菜园的数量呈几何式增长，发展成了自动生产，不仅从某种意义上，拯救了病态的经济模式，而且一解当下的燃眉之急，使我们急需的能力、认知和观念得以重建。其实，如此浓墨重彩地宣扬菜园的大获全胜，并不是一件十分好笑的事情，它更像是一代人的文化救赎场所：是真正的成功并可以继续成功下去。它承担着社会关系的内涵，慢食协会又发起了“非洲菜园”的计划，而这一切，都轰轰烈烈发生在这10年。

直接销售，以不同的形式发展和组织起来，通过“农夫市集”的方式（建立在生产者，主要是小农户、消费者等所有利益相关者共同参与、共同管理、和谐共处关系基础上的直接销售平台），为以保障最终售价和生产者的最佳报酬为目的的销售带来了生命力。2005年，我在写作本书时，还在以描绘萌芽现象的口吻讲述此运动，如今在意大利的“支持团购小组”（简称GAS）已经有了自己的规则和经验，这些小组主要由各类家庭和社区创建，比如公司的职员、同一条街的居民，以及同一个协会的会员，等等。在其他国家名字相近的类似活动也不少，为满足各国不同的文化实际应运而生，例如，在美国的模式就叫作“社区支持农业”。基于同一个理念，各地的类似活动风生水起，硕果累累：整体优化了食物的平均质量，降低了成本，有效激励和保护了良心农户，通过建立与他们之间的直接购买关系，重建了饮食文化。

最近几年，我们开始致力于帮助传统小农作坊商业项目的复兴，它们曾一度被嫌弃到只能关门大吉让位给超市，如今，我们又开始心心念念地惦记起它们所带来的独有的本地风味，以及人与人之间温暖互动的关系。如今它们正在回归，你们可以从品质、与田地的关联和社会功能多角度去思考一下。不久前，美食科技大学启动了第一个实验计划——一个本地的项目，将来肯定会被推广，因为它符合多种不同的需求。这类项目得以顺利实施的关键点在于，只有当经济企业不再是潜在欺诈的代名词，而成为促使高品质农业与理性消费相遇的元素之一时，商业项目就得以振兴了。

“大地母亲”，这个计划已经有些年头了，似乎并不像是会高频率出现在最近重大社会现象名单中一员，但它开通了与全世界高品质农业的方方面面取得联系的沟通渠道，坚定不移地服务于无数人和无数的区域：成千上万人，今天距第一次的相遇，已经过去十多年前的光阴了，人们可以感到自己是那个网络中的一员，他们不仅被可以被其他人（厨师、生产者，或者可能是研究者的人）看见，在某种程度上也可以被自己看见，因为他们在工作中、理念中和与他人的协定中重新了解自己。

美食科技大学与“大地母亲”是同龄人。那还是从前，一个明确的初衷——渴望改变一种单一模式的想法，后来被推广适应至其他的情境，在不同的情境中影响了其他的大学、其他的专业，甚至是其他领域，包括区域的制度和计划，以及所谓的农村发展计划。我们需要专家，但我们同样需要专家学习在复杂的环境下与他人一起合作，不要忘记与业内人士讨论，也不要忘记与从农民到医生的不同职业人士进行探讨。

倘若把这些因素的分析探索简化，从中就可以看出10年间对20世纪60年代所探索出的经济和生产系统的修正，以扫清让我们备感痛心的形式和功能：自动生产、市场、与他人的对比、学习。就像我说过的一样，如果我们的祖父母从过去穿越回来找我们，问我们最近的新闻是什么，听到这个清单上的消息（我们种菜，农民去市场上卖菜，在某些情况下区域间是可以交换意见的，在大学不分专业地学习，为了适应可持续性的探索和生产），可能会有些不知所措地说：你们又过回去啦！其实并非如此。我们在往前走，根据我们真实的需求决定我们到底要去哪里，而不只被完全不考虑人类生命质量的、以利益为导向的经济系统的需求所误导。我们的祖父母的理想是不再种菜和卖菜，这也许是因为他们所了解的农业更多的是辛苦、社会边缘化和贫穷，所以在他们的想象中，农业是一件理应越来越“现代化”的事情。我们修正了这样的观点，我们正在打造一个崭新的未来，那是一个不同于往日的农副产品生产方式，在进步的过程中，亦不再是一个备选之举，而是推进之举。

实际上，我们在谈论的是一个网络："学校菜园计划"、"支持团购小组"、"美味方舟"、"大地母亲"，甚至细致到波冷佐小镇美食科技大学里世界各地的学生，有时毕业生有集体出行的计划。这张网在时间与空间中连接着人们以及人们的行动方式，奥里·布拉夫曼称它为"一种无人领导却不可阻挡的力量"。

由于这些鲜活的项目的蓬勃发展，"优质、洁净、公平"甚至对一些看似遥远的领域也产生了深远的影响，时至今日依然如此，这个三联词已然成为习惯用语，很多人都在使用，即使他们并不清楚出处。但最大的博弈正在于此：不要在自己的文化和社会领域里故步自封，不要相信事情可以改变。如果因为不知道会被如何对待而恐惧，不去中间地带探索，那么远方将更令我们害怕不安，因为我们将想象它可能会如何对待我们。

那么，现在一切都好吗？要知道在过去，我们连做梦都没想过！

美味方舟计划起航时，我隐喻般地描述"大洪水"并未结束。更确切地说，它变了：它变成了连绵细雨，如果待在自己的舒适区里避雨，很容易让人毫无反感地适应这种缓慢的沁润。

大洪水乔装起来，变得善于抓住一切改变的信号和想法，却并不装作毫不知情。它的语言体系与我们的语言体系变得含糊不清（你们试试去掉产品中所有的标志和文字，告诉我你们能否看出连锁有机品牌和麦当劳的广告在风格和平面设计上的区别），它所讲述的故事和我们所讲述的大同小异（牧场、被称呼名字的奶牛、祖母的浓汤、磨坊、小推车……），与此同时，规则、系统都联合在利益周围，聚集在大型资本周围，每天想方设法地找到出路来为他们粉饰，而让消费者更难辨真伪：从食物中充斥着的复合化学成分到原产地法规，从大型销售中心的浪费丑闻，到没有任何支持去弄明白农副产的状况是否符合环境、健康、文化和社会多方面的要求，是否真的满足消费者和生产者的需求。

10年前，这些边界更明确。现在，想要反潮流的公民必须变得更加优秀，必须了解海量的信息，必须保持无尽的耐心。仅仅做到这些仍不足够，公民们必须对弱势群体保持良善、尊重与重视，因为这些群体住在大洪水注定要造成灾害的地方，或者可以这么说，他们和我们住在一起，却拥有更少的权利。

那么，现在一切都无用了吗？要知道在过去，我们连做梦都没想过！

道路是开放的，我们在上面一边奔驰着，一边建设着，让它日渐坚固。20世纪改变的关键是全球化的理念，它教会了我们在大视野中去权衡利弊，但它也让我们在各个观点上失衡，因为它让我们只专注于一点——可以满世界吹嘘最大的自由，那就是金钱。

未来的关键理念，应当是重新平衡当下的状况，应该是本土的理念。这个理念在近几年迅速地演变，重获力量，尤其在扫清所有贸易保护主义和民粹主义的烟雾后，终结了那些想要把这些主义都泼到它身上的想法后，如今它表现出各个方面的坚不可破，焕然一新。本土理念是唯一可以让公民拥有一席之地，可以真正地实践其权利和义务，去修正不公正的有害体制的方式。今天，通过我们不断优化的机制去接近高品质生产，支付公正的价格，本土经济保护已经成为可能。今天，本土经济为文化的丰富做出巨大贡献，如果它没能接受到跨文化的馈赠并热情回报，可能早就消失了。换句话说，本土理念让置身其中的每个人，可以坚定不移地保护生物多样性和本土的财产，不仅如此，还可以保护自己和心爱的人的生命，还有未来子孙后代的生命。再次重申，抛开身份不谈，我们每个人每天展开日常生活的地方，离我们的出生地有多远并不重要，就像斯特劳斯在《忧郁的热带》中的痛心呼喊，我们真的可以为所处的地方出一分力，让那里变得更好。

我们来强化一下本文的中心思想：到目前为止，占主导地位的经济模式，正在无可救药地展示其彻头彻尾、众所周知的反经济性。重中之重是要发展出新的经济规范，这种规范让我们与影响现在与未来的地球上的其他生物和平共处。近年来，我们已经在全球范围内，用不同的方式、从不同的切入点进行了成功的实验。在全世界他们有一个共同点：重视集体，重视关系，重视需求的真实性，重视行为的实质。我们在这条路上走过，这不是一条容易的路，也不是一条平坦的路，却是一条极其宽阔的路，在这条路上，每个人都有位置。

参考文献

AA.VV., *Transforming Cultures From Consumerism to Sustainability*, The Worldwatch Institute, State Of The World 2010.

AA.VV., *Terra e Libertà / Critical Wine*, DeriveApprodi, Roma 2004.

Apoteker, Arnaud, *L'invasione del pesce-fragola. Come viene manipolata la nostra alimentazione*, Editori Riuniti, Roma 2000.

Ariès, Paul, *Petit Manuel anti-McDo à l'usage des petits et des grands, Editions Golias,* Vileurbanne 1999.

–, *I figli di McDonald's. La globalizzazione dell'hamburger*, Dedalo, Bari 2000.

Artusi, Pellegrino, *La scienza in cucina e l'arte di mangiar bene*, Einaudi, Torino 1970.

Augé, Marc, *Che fine ha fatto il futuro?: dai non luoghi al non tempo*, Elèuthera, Milano 2009.

Barberis, Corrado, *Le campagne italiane dall'Ottocento a oggi*, Laterza, Roma-Bari 1999.

Bauman, Zygmunt, *Homo consumens. Lo sciame inquieto dei consumatori e la miseria degli esclusi*, Erickson, Trento 2007.

–, *Consumo dunque sono*, Laterza, Roma-Bari 2008

Bevilacqua, Piero, *La mucca è savia*, Donzelli, Roma 2002.

Bologna, Gianfranco, Gesualdi, Francesco, Piazza, Fausto e Saroldi, Andrea, *Invito alla sobrietà felice*, EMI, Bologna 2003.

Bonaglia, Federico e Goldstein, Andrea, *Globalizzazione e sviluppo*, il Mulino, Bologna 2003.

Boudan, Christian, *Le cucine del mondo. Geopolitica dei gusti e delle grandi culture culinarie*, Donzelli, Roma 2005.

Bourguignon, Claude e Lydia, *Il suolo, un patrimonio da salvare*, Slow Food Editore, Bra 2004.

Bourre, Jean-Marie, *La dietetica del cervello*, Sperling & Kupfer, Milano 1992.

Bové, José e Dufour, François, *Il mondo non è in vendita. Agricoltori contro la globalizzazione alimentare*, Feltrinelli, Milano 2000.

Brafman, Ori e Beckstrom, Rod A., *Da Internet a Al Qaeda: il potere segreto delle organizzazioni a rete*, Etas, Milano 2007.

Brecher, Jeremy e Costello, Tim, *Contro il capitale globale. Strategie di resistenza*, Feltrinelli, Milano 1998.

Brillat-Savarin, Jean-Anthelme, *Fisiologia del gusto ovvero meditazioni di gastronomia trascendente*, Slow Food Editore, Bra 2014.

Capatti, Alberto, *L'osteria nuova, una storia italiana del XX secolo*, Slow Food Editore, Bra 2000.

– e Montanari, Massimo, *La cucina italiana. Storia di una cultura*, Laterza, Roma-Bari 1999.

Cassano, Franco, *Modernizzare stanca*, il Mulino, Bologna 2001.

Centro Nuovo Modello Di Sviluppo, *Guida al consumo critico*, EMI, Bologna 2000.

Clover, Charles, *Allarme pesce. Una risorsa in pericolo*, Ponte alle Grazie, Milano 2005.

Cranga, Françoise e Yves, *L'escargot*, Les Editions du Bien Public, Dijon 1991.

Deb, Debal, *Industrial vs Ecological agriculture*, Navdanya/Rfste, New Delhi 2004.

Dogana, Fernando, *Psicopatologia dei consumi quotidiani*, Franco Angeli, Milano 1993.

Encyclopédie des nuisances, I giocolieri del DNA nel pianeta dei creduloni, Bollati Boringhieri, Torino 2000.

Fischler, Claude, *L'onnivoro. Il piacere di mangiare nella storia e nella scienza*, Mondadori, Milano 1992.

Flandrin, Jean-Louis, *Il gusto e la necessità*, Il Saggiatore, Milano 1994.

Gesualdi, Francesco, *Manuale per un consumo responsabile*, Feltrinelli, Milano 2002.

Giono, Jean, *Lettera ai contadini sulla povertà e la pace*, Ponte alle Grazie, Milano 1997.

Greco, Silvio e Scaffidi, Cinzia, *Guarda che mare*, Slow Food Editore, Bra 2007.

Grew, Raymond, *Food in Global History*, Westview Press, Colorado 1999.

Grimm, Hans-Ulrich, *L'imbroglio nella zuppa*, Andromeda, Bologna 1998.

Hardt, Michael e Negri, Antonio, *Impero. Il nuovo ordine della globalizzazione,* Rizzoli, Milano 2002.

Harris, Marvin, *Buono da mangiare*, Einaudi, Torino 1990.

Ho, Mae-Wan, *Ingegneria genetica. Scienza e business delle biotecnologie*, DeriveApprodi, Roma 2001.

Howard, Albert, *I diritti della Terra. Alle radici dell'agricoltura naturale*, Slow Food Editore, Bra 2005.

Illich, Ivan, *La convivialità*, Mondadori, Milano 1974.

Isnenghi, Mario (a cura di), *I luoghi della memoria. Strutture ed eventi dell'Italia unita*, Laterza, Roma-Bari 1997.

Jaillette, Jean-Claude, *Il cibo impazzito*, Feltrinelli, Milano 2001.

Joly, Nicolas, *Le vin du ciel à la terre*, Editions Sang de la Terre, Paris 1997.

Kimbrell, Andrew (a cura di), *Fatal Harvest. The Tragedy of Industrial Agriculture*, Island Press, Washington 2002.

Klein, Naomi, *No logo*, Baldini & Castoldi, Milano 2001.

Kundera, Milan, *La lentezza*, Adelphi, Milano 1995.

La Camera, Francesco, *Sviluppo sostenibile. Origini, teoria e pratica*, Editori Riuniti, Roma 2003.

Lacroix, Michel, *Le principe de Noé où l'éthique de la sauvegarde*, Flammarion, Paris 1997.

Lacout, Dominique, *Le livre noir de la cuisine*, Jean-Paul Rocher Editeur, Paris 2001.

Latouche, Serge, *Decolonizzare l'immaginario*, EMI, Bologna 2004.

–, *Breve trattato sulla decrescita serena*, Bollati Boringhieri, Torino 2008.

Lawrence, Felicity, *Non c'è sull'etichetta*, Einaudi, Torino 2005.

Lévi-Strauss, Claude, *Il crudo e il cotto*, Il Saggiatore, Milano 1996.

Luther Blissett e Cyrano Autogestito Di Rovereto (a cura di), *McNudo*, Stampa Alternativa, Viterbo 2001.

Mance, Euclides André, *La rivoluzione delle reti*, EMI, Bologna 2003.

Masini, Stefano e Scaffidi, Cinzia, *Sementi e diritti*, Slow Food Editore, Bra 2008.

Merlo, Valerio, *Contadini perfetti e cittadini agricoltori nel pensiero antico*, Jaca Book, Milano 2003.

Montanari, Massimo, *Convivio. Storia e cultura dei piaceri della tavola*, Laterza, Roma-Bari 1989.

–, *Convivio. Storia e cultura dei piaceri della tavola nell'età moderna*, Laterza, Roma-Bari 1991.

–, *Convivio. Storia e cultura dei piaceri della tavola nell'età contemporanea*, Laterza, Roma-Bari 1992.

–, (a cura di), *Il mondo in cucina. Storia, identità, scambi*, Laterza, Roma-Bari 2002.

–, *Il cibo come cultura*, Laterza, Bari 2007.

Morin, Edgar, *Introduzione a una politica dell'uomo*, Meltemi, Roma 2000.

–, *I sette saperi necessari all'educazione del futuro*, Raffaello Cortina, Milano 2001.

–, *Il metodo*, vol. V, *L'identità umana*, Raffaello Cortina, Milano 2002.

Nadolny, Sten, *La scoperta della lentezza*, Garzanti, Milano 1985.

Nanni, Antonio, *Economia leggera. Guida ai nuovi comportamenti*, EMI, Bologna 1997.

Nistri, Rossano, *Dire fare gustare. Percorsi di educazione del gusto nella scuola*, Arcigola Slow Food, Bra 1998.

Onfray, Michel, *La raison gourmande*, Grasset & Fasquelle, Paris 1995.

Ortega Cerdá, Miquel e Russi, Daniela, *Debito Ecologico*, EMI, Bologna 2003.

Papa Francesco, *Laudato si'. Enciclica sulla cura della casa comune*, Edizioni San Paolo, Milano 2015.

Patel, Raj, *I padroni del cibo*, Feltrinelli, Milano 2008.

Pelt, Jean-Marie, *L'orto di Frankenstein*, Feltrinelli, Milano 2000.

Perna, Tonino, *Fair Trade*, Bollati Boringhieri, Torino 1998.

Petrini, Carlo, *Terra Madre. Come non farci mangiare dal cibo*, Giunti-Slow Food Editore, Firenze-Bra 2009.

–, *Cibo e libertà. Slow Food: storie di gastronomia per la liberazione*, Giunti-Slow Food Editore, Firenze-Bra 2013.

–, *Voler bene alla Terra. Dialoghi sul futuro del pianeta,* Giunti-Slow Food Editore, Firenze-Bra 2014.

– e Sepúlveda, Luis, *Un'idea di felicità*, Guanda-Slow Food Editore 2014.

Pollan Michael, *Il dilemma dell'onnivoro*, Adelphi, Milano 2008.

–, *In difesa del cibo*, Adelphi, Milano 2009.

Ponge, Francis, *Il partito preso delle cose*, Einaudi, Torino 1979.

Poulain Jean-Pierre, *Sociologies de l'alimentation*, Puf, Paris 2002.

– e Neirinck, Edmond, *Histoire de la cuisine et des cuisiniers*, Delgrave, Paris 2004.

Rifkin, Jeremy, *Il secolo Biotech*, Baldini & Castoldi, Milano 2000.

Ritzer, George, *Il mondo alla McDonald's*, il Mulino, Bologna 1996.

–, *La religione dei consumi*, il Mulino, Bologna 2000.

Roberts, Paul, *La fine del cibo*, Codice Edizioni, Torino 2008.

Ruffa, Giovanni e Monchiero, Alessandro, *Il dizionario di Slow Food*, Slow Food Editore, Bra 2002.

Sachs, Wolfgang (a cura di), *Dizionario dello sviluppo*, Ega, Torino 2004.

Sansot, Pierre, *Du bon usage de la lenteur*, Payot & Rivages, Paris 1998.

Sassen, Saskia, *Globalizzati e scontenti. Il destino delle minoranze nel nuovo ordine mondiale*, Il Saggiatore, Milano 2002.

Scaffidi, Cinzia, *Mangia come parli. Come è cambiato il vocabolario del cibo*, Slow Food Editore, Bra 2014.

Schlosser, Eric, *Fast Food Nation*, Marco Tropea, Milano 2002.

Sen, Amartya, *Lo sviluppo è libertà,* Mondadori, Milano 2000.

–, *La democrazia degli altri*, Mondadori, Milano 2004.

Serventi, Silvano e Sabban, Françoise, *La pasta, storia e cultura di un cibo universale*, Laterza, Roma-Bari 2000.

Shiva, Vandana, *Monoculture della mente. Biodiversità, biotecnologie e agricoltura scientifica,* Bollati Boringhieri, Torino 1995.

–, *Campi di battaglia. Biodiversità e agricoltura industriale*, Edizioni Ambiente, Milano 2001.

–, *Vacche sacre e mucche pazze*, DeriveApprodi, Roma 2001.

Smith, Jeffrey M., *L'inganno a tavola,* Nuovi Mondi Media, Ozzano dell'Emilia 2004.

Soros, George, *La crisi del capitalismo globale*, Ponte alle Grazie, Milano 1999.

Stiglitz, Joseph E., *La globalizzazione e i suoi oppositori*, Einaudi, Torino 2003.

Süskind, Patrick, *Il profumo*, Longanesi, Milano 1985.

Tamino, Gianni e Pratesi, Fabrizia, *Ladri di geni*, Editori Riuniti, Roma 2001.

Tasch, Woody *Slow Money*, Slow Food Editore, Bra 2009.

Tiger, Lionel, *La ricerca del piacere*, Lyra Libri, Como 1993.

Tudge, Colin, *Nutrire il mondo è facile*, Slow Food Editore, Bra 2010.

Véron, Jacques, *Popolazione e sviluppo*, il Mulino, Bologna 2005.

Veronelli, Luigi, *Breviario libertino*, Edizioni di Monte Vertine, Firenze 1984.

致　谢

本书中文版出版过程中，得到了以下人士和机构的大力支持，再次表示由衷的感谢。

大中华区慢食协会：乔凌女士、Francesco Sisci先生、林光颂先生、孙群先生、董文湘先生、陈安华先生、吴文一先生、吴俊明先生、张雅娴女士、盛鹏璇女士、苏朗女士、杨歌女士、高精先生、毛妮妮女士、许佳怡女士、张海梅女士、周蕾女士、周娜女士、胡萍女士、张海彤女士、汪清女士、李景涛先生、曹轩先生、于萍女士、李月涵女士、王士婷女士、谭海青先生、韩晗女士及KDW团队、张欣女士及设计猫团队、谢丹女士及理想家团队、冯婷女士及天桥艺生活团队、杨晴女士及禹田文化、袁龙军先生及宽窄团队、黄启贤先生及爱物集物团队、李云虎及亿格像素团队、科意文创团队、杨泓先生、欧阳应霁先生、林依轮先生、刘孜女士

意大利驻华大使馆：谢国谊阁下、Franco Amadei先生、Enrico Berti先生

中国意大利商会：Davide Cucino先生

意大利对外贸易协会北京总部：Amedeo Scarpa先生

北京歌华文化发展集团：李丹阳先生、王昱东先生

北京市文化投资发展集团中心：周茂非先生、于爱晶女士、樊秀超先生、柯炳仲先生

联合国教科文组织国际创意与可持续发展中心：陈冬亮先生

北京国际设计周组委会：曾辉先生、张秀菊女士、徐斯先生

中国农业国际合作促进会：杨繁星先生

北京梁漱溟乡村建设中心：温铁军先生、张兰英女士、石嫣女士、白亚丽女士、闫利霞女士、马久菊女士

中信出版集团：王斌先生、陈非先生、方希女士、艾藤女士

北京居然之家投资控股集团：汪林朋先生

居然之家集团怡食家超市：安利英女士

西贝餐饮管理有限公司：贾国龙先生、张丽平女士

眉州酒店管理有限公司：王刚先生、梁棣女士

阳光100集团：易小迪先生、范小冲先生

大董集团：董振祥先生

东方美食集团：刘广伟先生

杭州解百集团：童民强先生、

杭州联华华商集团有限公司：张慧勤女士

阿里巴巴集团：魄天先生、青霜女士、黑方女士、雪莺女士、王小平女士

四川省成都市政府：范锐平先生、罗强先生、刘筱柳先生、韩春林先生、廖成珍女士、郭启舟先生、尹建先生、陈小兵先生、矫晖先生、陈晨女士

成都市广播电视台：李川先生

成都市广播电视台产业运营中心：赵刚先生、罗佳女士、徐洁女士

成都市楼宇经济促进会：张萍女士

成都香格里拉大酒店：程中日先生

北京市密云县西白莲峪村：郭继东先生

四川省大邑县：

李燎先生、廖瞰先生、王琰女士、李建康先生、陈建刚先生、罗孝成先生

湖北省罗田县：

汪柏坤先生、童伟民先生、胡盼先生、熊庆女士、陈云生先生、方志东先生、罗畅先生

感谢媒体界朋友：任杰先生、顾磊先生、王若思女士、金京女士、郑龙飞女士、李伟先生、王继涛先生、苗炜先生、李谦女士、李思宁女士、苏德女士、吕丽红女士、刘一帆女士、张景女士、殷普民先生、宁迪女士、Alessandro De Toni 先生

图书在版编目（CIP）数据

慢食，慢生活 /（意）卡洛·佩特里尼著；林欣怡，
陈玉凤，袁媛译. -- 北京：中信出版社，2017.10
ISBN 978-7-5086-8083-5

I. ①慢… II. ①卡… ②林… ③陈… ④袁… III.
①饮食－文化 IV. ①TS971.2

中国版本图书馆CIP数据核字（2017）第203591号

慢食，慢生活

著　　者：[意] 卡洛·佩特里尼
译　　者：林欣怡　陈玉凤　袁　媛
出版发行：中信出版集团股份有限公司
（北京市朝阳区惠新东街甲4号富盛大厦2座　邮编　100029）
承 印 者：北京通州皇家印刷厂

开　　本：880mm×1230mm　1/32　　印　　张：11　　字　　数：200千字
版　　次：2017年10月第1版　　印　　次：2017年10月第1次印刷
京权图字：01-2017-6075　　广告经营许可证：京朝工商广字第8087号
书　　号：ISBN 978-7-5086-8083-5
定　　价：58.00元

服务热线：400-600-8099
投稿邮箱：author@citicpub.com

建筑工程测量实训指导书

王小广　欧阳彬生　主编

姓名＿＿＿＿＿＿＿＿＿＿

班级＿＿＿＿＿＿＿＿＿＿

学号＿＿＿＿＿＿＿＿＿＿

院系＿＿＿＿＿＿＿＿＿＿

化学工业出版社
·北京·

建筑工程测量实训指导书

王小广　欧阳彬生　主编

姓名 ____________________

班级 ____________________

学号 ____________________

院系 ____________________

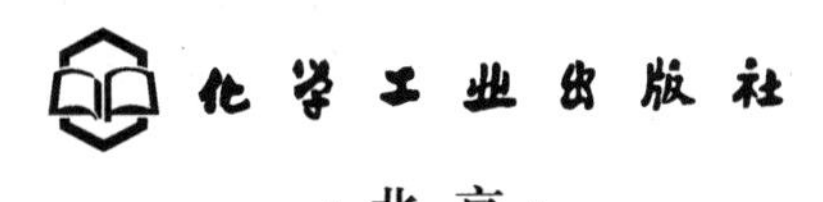

·北京·

前　言

建筑工程测量实训是学生学习建筑工程测量课程的重要环节，特别是在培养高职高专学生独立工作、提高动手能力方面起着显著的作用。本书是高职高专《建筑工程测量》教材的配套用书，与《建筑工程测量》教材内容紧密结合，相互衔接，是高职高专测量教学中必不可少的教学用书。

本书以实用为目的，按任务驱动的模式来进行编写，兼顾各院校对实训教学开设的能力，选取了15个必不可少的实训内容。每个实训均指明了实训目的和要求、重点和难点、实训方法和步骤等。

本书由江西现代职业技术学院王小广、欧阳彬生、罗琳、谢芳篷、周本能编写，最后由王小广统稿。

由于笔者的水平、经验及时间有限，书中定有欠妥之处，敬请专家和广大读者批评指正。

编者

2015年3月

第一版前言

建筑工程测量实训是学生学习建筑工程测量课程的重要环节，在培养高职学生独立工作、提高动手能力方面起着显著的作用。本书是《建筑工程测量》教材的配套用书，与《建筑工程测量》教材内容紧密结合，相互衔接。

本书以提高学生实际操作能力为目标，按任务驱动的模式进行编写，兼顾各院校对实训教学开设的能力，选取了 15 个必不可少的实训内容。每个实训均指明了实训目的与要求、实训重点和难点、实训方法及操作步骤等。

本书由江西现代职业技术学院王小广、欧阳彬生、罗琳、谢芳蓬、周本能以及江西省水利规划设计院测绘院的吴勰工程师编写，由王小广、欧阳彬生统稿。

本书经江西现代职业技术学院建筑工程学院学生试用，教学效果显著。本书的编写，参考了有关文献资料，在此一并感谢。

限于编者的水平，书中难免有不妥之处，恳请广大读者指正。

编者

2011 年 4 月

目录

建筑工程测量实训须知

一、实训要求

（1）实训前学生要熟读课文和实训指导书相应内容。

（2）每组4～8人，领用一台（套）实训仪器，单独操作，相互配合。

（3）实训前实训人员或实训指导教师要给学生做示范操作，然后学生严格按规程操作。

（4）实训时，严禁学生相互打、闹、推、拉、抢等，以防止摔伤仪器和工具。

（5）实训记录要认真填写。

（6）每个实训要分别以组、个人上交实训报告和记录。

（7）各组组长在领取和归还仪器时必须做好详细登记。

二、测量仪器使用十忌

（1）忌不懂仪器的构造和性能，胡乱操作。轻则使仪器测量不准确，重则损坏仪器。

（2）忌开箱拿取仪器时用力猛抓拉出。应用双手抱住仪器基座，轻轻取出。

（3）忌用完仪器后，不按原位胡乱放入，关不上箱盖而用力压下。应调整位置，正确放入，而后轻轻合上箱盖。

（4）忌将仪器连同脚架一起扛在肩上搬动仪器。要以左手捧住仪器，右手抱住基架，置仪器于胸前而搬动，以免碰撞树木、山石或房屋而损坏仪器。

（5）忌让仪器日晒雨淋，冬天测量完毕而直接将仪器拿入室内。要在室外装箱，再移入室内，以免仪器骤冷骤热而结露。

（6）忌仪器积灰或沾水时，不做处理即装箱。要用箱内的毛刷仔细清扫或用绒布擦干，手指不能触摸镜片，要用擦镜纸擦拭。

（7）忌仪器箱旁无人看管，过路行人随意乱动，来往车辆震动或碰撞而损坏仪器。

（8）忌用仪器箱当坐凳休息，用花杆、水准尺作抬杆使用。

（9）忌任何车辆压过钢尺、皮尺。钢尺用毕后擦干上油。

（10）忌相互打、闹、推、拉、抢，以防止摔伤仪器。

实训项目一　水准仪的认识和使用

(实训课时为 4 学时)

本实训项目主要是熟悉 DJ3 型微倾式水准仪和自动安平水准仪各部件的名称和作用，以及基本操作。

一、实训目的与要求

(1) 学会粗平和精平仪器；

(2) 学会瞄准目标、消除视差及利用望远镜的中丝在水准尺上读数；

(3) 学会测定地面两点的高差。

二、实训重点和难点

(1) 重点：瞄准目标，消除视差及利用望远镜的中丝在水准尺上读数；

(2) 难点：整平仪器。

三、实训方法及操作步骤

(1) 实训方法：充分利用课堂上的时间多进行操作练习。

(2) 操作步骤：

① 安置水准仪；

② 粗略整平；

③ 照准并调焦；

④ 精确整平（自动安平水准仪无此项操作）；

⑤ 读数。

四、观测记录表

水准仪认识观测记录表

仪器号：　　　　　天气：　　　　　　　日期：　　年　　月　　日

观测者：　　　　　记录者：　　　　　　呈像：

测站	测点	后视读数/m	前视读数/m	高差/m	高程/m

实训项目二　经纬仪的认识和使用

（实训课时为 4 学时）

本实训项目主要是熟悉光学经纬仪和电子经纬仪的部件及使用。

一、实训目的与要求

（1）能正确使用经纬仪观测角度的操作顺序；

（2）学会经纬仪的对中和整平；

（3）学会经纬仪的读数方法。

二、实训重点和难点

（1）重点：经纬仪的对中和整平。

（2）难点：经纬仪的读数方法。

三、实训方法及操作步骤

（1）实训方法：各组配合轮流操作，每人至少进行两次。

（2）操作步骤：

① 安置经纬仪；

② 对中和整平；

③ 照准目标；

④ 读数或置数。

四、观测记录表

水平角观测记录表及计算

仪器号：　　　　　　　　　天气：　　　　　　　　日期：　　年　　月　　日

观测者：　　　　　　　　　记录者：

测站	目标	水平度盘读数 /(° ′ ″)	水平角 /(° ′ ″)	备注

实训项目三　全站仪的认识和使用

（实训课时为 4 学时）

本实训项目主要是熟悉全站仪的基本组成构件和使用。

一、实训目的与要求

（1）能正确开关机和按键使用；

（2）熟悉各菜单的使用；

（3）学会用全站仪进行对中和整平。

二、实训重点和难点

（1）重点：全站仪各菜单的使用。

（2）难点：全站仪的对中和整平。

三、实训方法及操作步骤

（1）实训方法：先熟悉仪器开关和界面上的菜单，然后反复练习。

（2）操作步骤：

① 安置全站仪；

② 对中和整平；

③ 照准目标；

④ 读数。

实训项目四　普通水准测量

（实训课时为 2 学时）

本实训项目主要是用水准仪做闭合水准路线测量或附合水准路线测量，根据观测结果进行水准路线高差闭合差的调整和高程计算。

一、实训目的与要求

（1）熟悉转站观测方法；

（2）学会观测方法和数据记录；

（3）学会高差闭合差的调整和计算。

二、实训重点和难点

（1）重点：观测方法和数据记录。

（2）难点：高差闭合差的调整和计算。

三、实训方法及操作步骤

（1）实训方法：各组成员必须相互配合，观测、记录、扶尺这些要分工明确。

（2）操作步骤：

从指定水准点出发按普通水准测量的要求施测一条闭合水准路线，每人轮流观测两站，然后计算高差闭合差和高差闭合差的允许值。

若高差闭合差在允许范围之内，则对闭合差进行调整，最后算出各测站改正后的高差。

四、观测记录表

普通水准测量记录表

仪器号：　　　　天气：　　　　呈像：　　　　日期：　　年　　月　　日

测自　　　　点至　　　　点　　　　观测者：　　　　记录者：

测站	测点	后视读数/m	前视读数/m	高差/m	高程/m
$\sum$					
校核计算	$\sum a-\sum b=$ $\sum h=$ 改正数 $V_1=$　　$V_2=$　　$V_3=$　　$V_4=$				

实训项目五　四等水准测量

（实训课时为4学时）

本实训项目主要是每组进行两个测站的水准观测，分别用尺底为4687mm和4787mm的木尺，通过双面尺法来进行高程的测定。

一、实训目的与要求

（1）学会用双面尺法测定高程的操作顺序；

（2）学会四等水准测量表格记录和计算；

（3）要求同一测站前后视距差小于3m。

二、实训重点和难点

（1）重点：四等水准测量表格记录和计算。

（2）难点：用双面尺法测定高程的观测顺序。

三、实训方法及操作步骤

（1）实训方法：各组成员必须相互配合，观测、记录、扶尺这些要分工明确。

（2）操作步骤：

① 观测：照准后视尺黑面，精平后，读取下、上、中三丝读数，照准后视尺红面，读取中丝读数。照准前视尺，重新精平，读黑面尺下、上、中三丝读数，再读红面中丝读数。

② 记录数据。

③ 内业计算。

四、实训记录表

四等水准测量记录表

仪器号：　　　　天气：　　　　呈像：　　　　日期：　　年　　月　　日

测自　　　　点至　　　　点　　　　观测者：　　　　记录者：

测站编号	点号	后尺 下丝	前尺 下丝	方向及尺号	标尺读数		K＋黑－红/mm	高差中数/m
		后尺 上丝	前尺 上丝		黑	红		
		后距	前距					
		视距差 d/m	$\sum d$/m					
				后				
				前				
				后－前				
				—	—	—	—	
				后				
				前				
				后－前				
				—	—	—	—	
				后				
				前				
				后－前				
				—	—	—	—	

实训项目六　测回法观测水平角

（实训课时为 4 学时）

本实训项目主要是用经纬仪通过测回法来观测水平角。

一、实训目的与要求

（1）学会测回法观测水平角的操作顺序；

（2）学会测回法观测水平角的表格记录和计算，每组至少测两测回；

（3）对中误差小于 3mm，水准管气泡偏离不超过一格，第一测回对零度，其他测回改变 180°/N、上下半测回角值差不超过 36s，每个测回角值差不超过 24s。

二、实训重点和难点

（1）重点：测回法观测水平角的表格记录和计算。

（2）难点：测回法观测水平角的操作顺序。

三、实训方法及操作步骤

（1）实训方法：各组成员每人都进行至少一次观测，加强精度的提高。

（2）操作步骤：

① 将仪器安置在测站上，对中、整平后，盘左照准目标，置起始读数为 0 或略大点，然后松开制动螺旋，顺时针转动照准部，照准右目标，读数并记入手簿，称为上半测回。

② 倒转望远镜，盘右再照准右边目标，读数并记入手簿；松开制动螺旋，逆时针旋转照准部照准左目标，读数并记入手簿，称为下半测回。

③ 测完第一测回后，应检查水准管气泡是否偏离；若气泡偏离值小于 1 格，则可测第二回，当两测回间的测回差不超过 24s 时，再取平均值。

四、实训记录表

测回法观测记录表

仪器号：　　　　　　　天气：　　　　　　　　　　　日期：　　　年　　月　　日
观测者：　　　　　　　记录者：　　　　　　　　　　起止时间：

测站	竖盘位置	目标	水平度盘读数 /(° ′ ″)	半测回角值 /(° ′ ″)	一测回角值 /(° ′ ″)	各测回角值 /(° ′ ″)

实训项目七　全圆方向法观测水平角

（实训课时为4学时）

本实训项目主要是用经纬仪通过全圆方向法来观测水平角。

一、实训目的与要求

（1）学会全圆方向法观测水平角的操作顺序，每组至少测一测回；

（2）学会全圆方向法观测水平角的表格记录和计算，对中误差要求小于3mm，水准管气泡偏离不超过一格；

（3）第一测回对零度，上下半测回角值差不超过36s，每个测回角差不超过24s。

二、实训重点和难点

（1）重点：全圆方向法观测水平角的操作顺序。

（2）难点：全圆方向法观测水平角的表格记录和计算。

三、实训方法及操作步骤

（1）实训方法：各组成员在操作的时候认真记好观测顺序，每组至少进行两次。

（2）操作步骤：

① 安置仪器，对中整平后，选择一个通视良好、目标清晰的方向作为起始方向。

② 盘左观测。

③ 倒转望远镜，盘右观测。

④ 根据观测结果计算 $2C$ 值和各方向平均读数，再计算归零后的方向值。

⑤ 同一测站、同一目标、各测回归零后的方向值之差应小于24s。

四、实训记录表

全圆方向法观测记录表

仪器号：　　　　　　　天气：　　　　　　　　日期：　　年　　月　　日
观测者：　　　　　　　记录者：　　　　　　　起止时间：

测站	目标	水平度盘读数		2C/(″)	平均读数/(°′″)	一测回归零方向值/(°′″)	各测回归零方向值/(°′″)
		盘左/(°′″)	盘右/(°′″)				
						—	—
	—	$\Delta_{左}=$	$\Delta_{右}=$	—	—	—	—
						—	—
	—	$\Delta_{左}=$	$\Delta_{右}=$	—	—	—	—

实训项目八　竖直角观测

（实训课时为 2 学时）

本实训项目主要用盘左、盘右观测一高处目标进行竖直角的练习；每人找准一目标测两个测回。两测回的竖直角及指标差之差均小于 24s。

一、实训目的与要求

（1）学会仪器对中和整平，竖盘指标水准管的调节；

（2）学会竖直度盘的读数方法；

（3）学会盘左盘右的测定以及竖直角的计算公式。

二、实训重点和难点

（1）重点：盘左盘右的测定以及竖直角的计算公式。

（2）难点：仪器对中和整平，竖盘指标水准管的调节。

三、实训方法及操作步骤

（1）实训方法：每个同学多进行操作练习，每人至少进行 2 次。

（2）操作步骤：

① 安置仪器并进行对中和整平。

② 盘左照准目标，用竖盘指标水准管的微倾螺旋使竖盘指标水准管气泡居中，读取竖盘读数，记入手簿。

③ 盘右照准目标，再次使竖盘气泡居中，读数并记入手簿。

④ 按课本上公式算出竖直角。

四、实训记录表

竖直角观测记录表

仪器号：　　　　　　　　天气：　　　　　　　　日期：　　年　　月　　日

观测者：　　　　　　　　记录者：　　　　　　　起止时间：

测站	目标	竖盘位置	竖盘读数 /(° ′ ″)	半测回竖直角 /(°′″)	一测回竖直角 /(° ′ ″)	指标差 /(″)

实训项目九　视距测量

(实训课时为2学时)

本实训项目主要是练习经纬仪视距测量的观测与记录，每人测量周围4个固定点，将观测数据记录在实验报告中，并用计算器算出各点的水平距离与高差水平角，竖直角精确到分，水平距离和高差均计算至0.1m。

一、实训目的与要求

(1) 熟悉视距测量的观测方法；

(2) 能够正确地读取各项数据；

(3) 能正确、完整地进行数据记录并计算。

二、实训重点和难点

(1) 重点：用计算器算出各点的水平距离与高差。

(2) 难点：观测时读取各项数据。

三、实训方法及操作步骤

(1) 实训方法：观测、扶尺、记录、计算分工要明确，反复练习。

(2) 操作步骤：

① 在测站点上安置经纬仪，对中、整平后，量取仪器高 i（精确到cm)，设测站点地面高程为 H_0。

② 选择若干个地形点，在每个点上立水准尺，读取上、下丝读数，中丝读数 v（可取仪器高相等，即 $v=i$)，竖盘读数 L 并分别记入视距测量手簿，竖盘读数时，竖盘指标水准管气泡应居中。

③ 通过课本上公式计算高程。

四、观测记录表

视距测量记录表

仪器号：　　　　　　天气：　　　　　　观测者：　　　　　　记录者：

测站高程：　　　　　仪器高：　　　　　日期：　　年　　月　　日

点号	视距读数		视距/m	中丝读数/m	竖盘读数/(° ′ ″)	平距/m	高差/m	高程/m
	上丝	下丝						

实训项目十　高程放样

（实训课时为4学时）

本实训项目主要是通过水准仪放样出设计点高程的位置。

一、实训目的与要求

（1）熟悉高程放样的操作顺序；

（2）学会设计点位置水准尺上读数的计算方法，要求误差不超过±3mm。

二、实训重点和难点

（1）重点：用水准仪进行高程放样的操作顺序。

（2）难点：计算设计点位置水准尺上的读数。

三、实训方法及操作步骤

（1）实训方法：根据课堂所学的理论知识，分组进行讨论，制定相应的方案进行分组实训。

（2）操作步骤：

① 安置仪器，进行整平；

② 先照准后视尺上读数；

③ 根据后视点的高程、后视点的读数、设计点的高程通过公式计算出设计点水准尺上应读的数；

④ 照准前视尺，把前视尺上下移动，直到刻度线正好为计算出的读数，然后在尺底做好记号。

四、实训报告

高程放样实训报告

仪器号：　　　　　　天气：　　　　　　日期：　　年　　月　　日

主要仪器与工具		成绩	
实训目的			

1. 测设数据的计算

已知点高程 $H_A=$

放样点高程分别为 $H_{p1}=$　　　　　　$H_{p2}=$

$b_1=H_A+a_1-H_{p1}=$

$b_2=H_A+a_2-H_{p2}=$

2. 画出放样草图

实训项目十一　建筑物定位与放线

（实训课时为6学时）

本实训项目主要是选一个已建建筑物，然后在周边空地进行待建建筑物的定位和放线。

一、实训目的与要求

（1）学会根据原有建筑物定位的测设方法和测设的步骤；

（2）学会根据建筑方格网定位的测设方法和测设步骤；

（3）学会根据点面控制点定位的测设方法和测设步骤。

二、实训重点和难点

（1）重点：与原有建筑物的关系定位的方法；根据已有的建筑方格网定位的方法；根据已有的控制点的坐标通过坐标反算计算数据，并进行建筑物定位的方法；设置轴线控制桩的方法。

（2）难点：根据已有的控制点的坐标通过坐标反算计算数据；设置轴线控制桩的方法。

三、实训方法及操作步骤

（1）实训方法：先熟悉建筑物定位放线的基本知识要点，采用分组讨论和制定方案进行练习。

（2）操作步骤：

① 根据与原有建筑物的关系定位。

② 以建筑方格网为控制的定位。

③ 根据控制点的坐标定位。

④ 测设建筑物定位轴线交点桩。

⑤ 测设轴线控制桩。

⑥ 设置龙门板。

四、实训报告

建筑物定位与放线实训报告

仪器号：　　　　　　　　　天气：　　　　　　　　日期：　　年　　月　　日

主要仪器与工具		成绩	
实训目的			

画出定位放线草图

实训项目十二　用极坐标法测设点的平面位置

(实训课时为 6 学时)

计算点的平面位置的放样数据；用极坐标法放样的方法、步骤。

一、实训目的与要求

(1) 练习用极坐标方法测设水平角、水平距离和高程，以确定点的平面和高程位置；

(2) 测设限差：水平角不大于±40″，水平距离的相对误差不大于 1/5000，高程不大于±10mm。

二、实训重点和难点

(1) 重点：用一般方法测设水平角、水平距离和高程，以确定点的平面和高程位置及各自精度检核。

(2) 难点：极坐标法测设数据的计算。

三、实训方法及操作步骤

(1) 实训方法：根据上课所讲的理论知识，分组进行讨论，制定相应的方案进行分组实训。

(2) 操作步骤：

① 计算测设数据。

② 在 A 点安置全站仪，瞄准 B 点，按逆时针方向测设 β 角，定出 AB 方向。

③ 沿 AB 方向自 A 点测设水平距离 D_{A1}，定出 1 点，作出标志。

④ 用同样的方法测设 2 点。

四、实训报告

用极坐标法测设点的平面位置实训报告

仪器号：　　　　　　　　天气：　　　　　　　　日期：　　年　　月　　日

主要仪器与工具		成绩	
实训目的			

1. 各点极坐标（用全站仪测绘）、水平距离与方位角（表 12-1、表 12-2）

表 12-1　各点极坐标

点名	A	B	1	2
X				
Y				

表 12-2　水平距离与方位角

点名	A-B	A-1	A-2
水平距离/m			
方位角			

2. 画出测设草图

实训项目十三　闭合导线测量

（实训课时为4学时）

选4个控制点，组成闭合导线，测定导线各边距离和相邻导线边所夹的内角。

一、实训目的与要求

（1）用测回法完成一个闭合导线（四边形）的转折角观测。

（2）完成必要记录和计算；并求出四边形内角和闭合差。

（3）对中误差≤±3mm，水准管气泡偏差<1格。

（4）严格按测回法的观测程序作业。

（5）记录、计算完整，清洁、字体工整，无错误。

（6）上、下半测回角值之差≤±40″。

（7）内角和闭合差≤±120″，边长两次丈量之差≤±1cm。

二、实训重点和难点

（1）重点：选点、测角、测边长、导线测量计算。

（2）难点：选点、导线测量计算。

三、实训方法及操作步骤

（1）实训方法：先熟悉闭合导线测量的基本知识要点，采用分组讨论和制定方案进行练习。

（2）操作步骤：

① 导线点的选择及标志埋设。

② 导线边长测量。

③ 角度测量。

④ 导线测量的计算。

四、实训记录表

分别填写表13-1～表13-3。

闭合导线测量相关记录和计算表

表 13-1 距离测量记录表

距　　离	/	/	/	/
往测/m	$A—B=$	$B—C=$	$C—D=$	$A—D=$
返测/m	$B—A=$	$C—B=$	$D—C=$	$D—A=$
平均值/m				

表 13-2 测回法观测记录表

测站	盘位	目标	水平度盘读数 /(° ′ ″)	水平角		备注
				半测回值 /(° ′ ″)	一测回值 /(° ′ ″)	

表 13-3　闭合导线坐标计算表

仪器号：＿＿＿＿＿　天气：＿＿＿＿＿　组号：＿＿＿＿＿　观测日期：＿＿＿年＿＿＿月＿＿＿日

观测者：＿＿＿＿＿　记录者：＿＿＿＿＿　计算者：＿＿＿＿＿

点号	观测角 /(° ′ ″)	角度改正数 /(″)	改正后角度 /(° ′ ″)	坐标方位角 α /(° ′ ″)	距离 D /m	坐标增量计算值		改正后坐标增量		坐标值	
						Δx /m	Δy /m	$\Delta x'$ /m	$\Delta y'$ /m	x /m	y /m
(1)	(2)	(3)	(4)=(2)+(3)	(5)	(6)	(7)	(8)	(9)	(10)	(11)	(12)
A	—	—	—							500.000	500.000
B											
C											
D											
A										500.000	500.000
					—	—	—	—	—		
B	—	—	—								
				—	—	—	—	—	—		
总和				—							

实训项目十四　地形图测绘

（实训课时为8学时）

本实训项目主要是选择一块具有代表性的区域进行地形图测绘，按1∶500比例进行。

一、实训目的与要求

使初学者能很快熟悉并学会测、记、算、绘等方面作业程序和施测方法。

二、实训重点和难点

（1）重点：视距测量；测量碎部点点位的基本方法；等高线勾绘。

（2）难点：碎步测图的观测计算展点；等高线勾绘。

三、实训方法及操作步骤

（1）实训方法：先熟悉地形图测绘的基本知识要点，采用分组讨论和制定方案进行练习。

（2）操作步骤：

① 控制点和碎部点的选择。

② 安置仪器。

③ 立尺。

④ 观测。

⑤ 记录与计算。

⑥ 展点。

⑦ 绘图。

实训项目十五　道路圆曲线测设

(实训课时为6学时)

计算测设数据和各点桩位；用偏角法对各桩位点进行测设。

一、实训目的与要求

(1) 使学生学会圆曲线主点元素的计算和主点的测设方法。

(2) 学会用偏角法进行圆曲线的详细测设。

二、实训重点和难点

(1) 重点：偏角法测设圆曲线的测设数据的计算；如何确定圆曲线上一点的切线方向；圆曲线逐桩坐标计算。

(2) 难点：如何确定圆曲线上一点的切线方向；圆曲线逐桩坐标计算。

三、实训方法及操作步骤

(1) 实训方法：首先准备好测量仪器，按4～7人一组，在学校中心广场测量实训场地模拟高速公路，用全站仪测设200m圆曲线。给出圆曲线有关设计参数，学生计算圆曲线的逐桩坐标。

(2) 操作步骤：

① 仪器准备。

② 计算详细测设圆曲线的偏角。

③ 圆曲线详细测设。

四、实训报告

道路圆曲线测设实训报告

班级：　　　　组别：　　　　姓名：　　　　学号：　　　　日期：

主要仪器与工具		成绩	
实训目的			

1. 计算圆曲线元素

交点桩号 $JD=$　　　　转折角 $\alpha=$　　　　圆曲线半径 $R=$

切线长 $T=$　　　　曲线长 $L=$

外矢距 $E=$　　　　切曲差 $q=$

2. 计算主点里程桩号并校核

曲线起点桩号 $ZY=$

曲线中点桩号 $QZ=$

曲线终点桩号 $YZ=$

校核曲线终点桩号 $YZ=$

3. 用偏角法计算圆曲线细部点的测设数据

曲线细部点的测设数据

点名	里程	曲线点间距	偏角	备注

参考文献

［1］ 周建郑．建筑工程测量．第 2 版．北京：化学工业出版社，2015．
［2］ 顾孝烈．工程测量学．第 4 版．上海：同济大学出版社，2011．